扩散模型
从原理到实战

李忻玮 苏步升 徐浩然 余海铭 ◎ 编著
程　路　王铁震 ◎ 审校

人民邮电出版社
北京

图书在版编目（CIP）数据

扩散模型从原理到实战 / 李忻玮等编著. -- 北京：人民邮电出版社，2023.8
ISBN 978-7-115-61887-0

Ⅰ．①扩… Ⅱ．①李… Ⅲ．①机器学习－研究 Ⅳ．①TP181

中国国家版本馆CIP数据核字(2023)第101913号

内 容 提 要

AIGC 的应用领域日益广泛，而在图像生成领域，扩散模型则是 AIGC 技术的一个重要应用。本书以扩散模型理论知识为切入点，由浅入深地介绍了扩散模型的相关知识，并以大量生动有趣的实战案例帮助读者理解扩散模型的相关细节。全书共 8 章，详细介绍了扩散模型的原理，以及扩散模型退化、采样、DDIM 反转等重要概念与方法，此外还介绍了 Stable Diffusion、ControlNet 与音频扩散模型等内容。最后，附录提供由扩散模型生成的高质量图像集以及 Hugging Face 社区的相关资源。

本书既适合所有对扩散模型感兴趣的 AI 研究人员、相关科研人员以及在工作中有绘图需求的从业人员阅读，也可以作为计算机等相关专业学生的参考书。

◆ 编　　著　李忻玮　苏步升　徐浩然　余海铭
　　审　　校　程　路　王铁震
　　责任编辑　秦　健
　　责任印制　王　郁　焦志炜

◆ 人民邮电出版社出版发行　北京市丰台区成寿寺路11号
　　邮编　100164　电子邮件　315@ptpress.com.cn
　　网址　https://www.ptpress.com.cn
　　北京捷迅佳彩印刷有限公司印刷

◆ 开本：720×960　1/16
　　印张：14　　　　　　　　　　2023 年 8 月第 1 版
　　字数：216 千字　　　　　　　2025 年 5 月北京第 8 次印刷

定价：79.80 元

读者服务热线：(010)81055410　印装质量热线：(010)81055316
反盗版热线：(010)81055315

大咖推荐

本书系统地介绍了扩散模型的原理和相关细节，同时书中丰富的实战案例也将引领读者快速上手扩散模型。对于任何想要学习和了解扩散模型的人来说，本书都是颇具价值的参考资料。

——周明，澜舟科技创始人兼CEO，创新工场首席科学家，CCF副理事长

受非平衡热力学的启发，扩散模型以良好的数学解释性及可控的生成多样性迅速成为AIGC领域一颗耀眼的新星。本书从"一滴墨水"开始，由浅入深，从理论到实践"扩散"出了图像、文本与音频的AIGC蓝图，并为读者保留了精华，去除了"噪声"，还原出了知识体系最真实的"分布"。

——杨耀东，北京大学人工智能研究院研究员

人工智能扩散模型在近几年取得了令人目不暇接的惊艳成果，可以有效解决视觉内容生成的瓶颈问题。仔细阅读本书，你既可以对扩散模型背后的原理有较为深刻的理解，也可以依此动手进行实践，从而牢固掌握扩散模型，为进一步创新或深度应用打下坚实基础。本书值得推荐！

——钟声，声网CTO

纵观人类历史，机遇永远属于抢先一步占据未来高度的人。我们每一个人都有必要去探究人工智能的奥秘，以便在即将到来的变革大潮中争得一席之地。

——马伯庸，作家

《扩散模型从原理到实战》以 Hugging Face 的扩散模型（Diffusion Model）课程为基础，通过理论和实例相结合的方式，为读者构建了一个完整的学习框架。无论你是新手还是经验丰富的从业者，这本以实战为导向的图书都能够帮助你更好地理解和应用扩散模型。

——王铁震，Hugging Face 中国地区负责人，高级工程师

随着 Stable Diffusion 和 Midjourney 的推出，文生图形式的 AI 绘画火爆异常，很多游戏的角色设计、网上店铺的页面设计都用到了 AI 绘画工具。本书系统地梳理了 AI 绘画背后的一系列原理细节，且有代码实战，我非常推荐大家阅读本书！

——July，七月在线创始人，CEO

前言/PREFACE

就在几年前,"通用人工智能"(Artificial General Intelligence,AGI)似乎还是一个只存在于科幻小说中的概念,在现实中的实现方法仍在探索中。然而到了2022年,基于大语言模型的AIGC（AI Generated Content）领域的快速发展,使得通用人工智能不再那么遥不可及。研究人员发现,当参数量超过某个阈值时,基于大语言模型的AIGC系统就能够理解人类用自然语言发布的指令,并对应生成真实、高质量的文本、图像、音视频等多模态数据。扩散模型便是其中引人注目的先行者。

扩散模型源于物理学,它最初是用于描述物质扩散的数学模型。研究人员通过将扩散模型与人工神经网络相结合,发现了它在图像生成领域的巨大潜力。从起步的DALL-E 2和Imagen,到Stability AI发布的Stable Diffusion 1.5,都证明了任何一个能用语言描述心中想法的人,都可以借助扩散模型创作出精美的绘画作品。在全球社交媒体上,带有"AI生成"标签的绘画作品得到迅速传播。我们在动画分镜、游戏立绘、图书插画、服装设计图、家装概念图等领域都能看到扩散模型的身影。这一技术给绘画相关行业带来了革命性的影响,就如同工业革命时期的珍妮纺纱机。

在这样的背景下,我们编写了这本关于扩散模型的实战指南。本书将详细介绍扩散模型的原理、发展与应用,以及如何运用Hugging Face和Diffusers进行模型实战。我们希望读者通过阅读本书,能够学习并掌握扩散模型的相关知识,探索这一领域的无限可能。

写给读者的建议

本书包含扩散模型的理论基础、项目实战、研究前沿和应用范例等,旨在帮助读者学习如何使用扩散模型生成图像内容。因此，本书适合大学生、研究人员、AIGC 爱好者和绘画相关行业的从业人员阅读。在阅读本书之前，你需要具备一定的编程经验，尤其是要对 Python 编程语言有一定的了解。同时，你最好具备深度学习相关知识，并了解人工智能领域的相关概念和术语，以便更轻松地阅读本书。

本书分为两部分——基础知识与实战应用。第 1 章和第 2 章是基础知识部分，旨在介绍扩散模型的原理、发展、应用以及 Hugging Face 和环境准备；第 3 章~第 8 章则是实战应用部分，旨在逐步带领你深入扩散模型实战，包括从零开始搭建扩散模型、运用 Diffusers 库生成蝴蝶图像、微调和引导技术的应用、探讨 Stable Diffusion 的概念与运用、DDIM 反转和 ControlNet 技巧，以及音频处理领域的扩展应用等内容。你可以根据个人兴趣和需求，选择性地阅读相关章节。同时，本书的附录部分还提供了由扩散模型生成的高质量图像集以及 Hugging Face 的相关资源。

在阅读本书的过程中，建议你将理论和实际相结合，以深入理解扩散模型的原理。当遇到问题时，你要敢于请教他人或在相关论坛上提问，以提高自己解决问题的能力。扩散模型是一个快速发展的领域，我们鼓励你关注 AIGC 和扩散模型的前沿技术、方法和模型，紧跟学术进展。

最后，我们希望你能够将学到的扩散模型知识与自己的专业领域或技能相结合，并尝试使用扩散模型解决生活或工作中的实际问题。

愿你在扩散模型的学习道路上一帆风顺，在创造的过程中获得快乐，也期待你在扩散模型领域取得辉煌成就。感谢你选择阅读本书，祝你阅读愉快。

致谢

本书第 3 章~第 8 章（除了 ControlNet 部分以外）的内容基于 Hugging Face 的 Diffusion 课程（https://github.com/huggingface/diffusion-models-class）。在此，我们衷心感谢该课程的设计者 Jonathan Whitaker 和 Lewis Tunstall 对本书提供的宝贵建议和支持，以及来自 Hugging Face 管理者的鼓励，他们让本书的出版成为可能。

特别感谢澜舟科技创始人兼 CEO、创新工场首席科学家、CCF 副理事长周明、图灵联合创始人和创始总编刘江、作家马伯庸、Stability AI 技术产品总监郑屹州以及声网 CTO 钟声博士为本书提供的宝贵意见。他们的专业知识和经验让本书在内容方面得到完善和改进。

同时，我们也要感谢 Hugging Face 团队成员以及中国社区的志愿者和开发者们，他们为本书的出版付出了巨大的努力。他们的支持和贡献使本书得以顺利完成。

最后，诚挚感谢所有读者的关注和支持。我们将不断努力，为读者提供更加优质的内容和服务。

资源与支持

资源获取

本书提供如下资源：
- 本书源代码；
- 书中彩图文件；
- 本书思维导图；
- 异步社区 7 天 VIP 会员。

要获得以上资源，您可以扫描下方二维码，根据指引领取。

提交勘误

作者和编辑尽最大努力来确保书中内容的准确性，但难免会存在疏漏。欢迎您将发现的问题反馈给我们，帮助我们提升图书的质量。

当您发现错误时，请登录异步社区（https://www.epubit.com/），按书名搜索，进入本书页面，点击"发表勘误"，输入勘误信息，点击"提交勘误"按钮即可（见下图）。本书的作者和编辑会对您提交的勘误进行审核，确认并接受后，您将获赠异步社区的 100 积分。积分可用于在异步社区兑换优惠券、样书或奖品。

与我们联系

我们的联系邮箱是 contact@epubit.com.cn。

如果您对本书有任何疑问或建议,请您发邮件给我们,并请在邮件标题中注明本书书名,以便我们更高效地做出反馈。

如果您有兴趣出版图书、录制教学视频,或者参与图书翻译、技术审校等工作,可以发邮件给我们。

如果您所在的学校、培训机构或企业,想批量购买本书或异步社区出版的其他图书,也可以发邮件给我们。

如果您在网上发现有针对异步社区出品图书的各种形式的盗版行为,包括对图书全部或部分内容的非授权传播,请您将怀疑有侵权行为的链接发邮件给我们。您的这一举动是对作者权益的保护,也是我们持续为您提供有价值的内容的动力之源。

关于异步社区和异步图书

"异步社区"(www.epubit.com)是由人民邮电出版社创办的 IT 专业图书社区,于 2015 年 8 月上线运营,致力于优质内容的出版和分享,为读者提供高品质的学习内容,为作译者提供专业的出版服务,实现作者与读者在线交流互动,以及传统出版与数字出版的融合发展。

"异步图书"是异步社区策划出版的精品 IT 图书的品牌,依托于人民邮电出版社在计算机图书领域 30 余年的发展与积淀。异步图书面向 IT 行业以及各行业使用 IT 技术的用户。

目录/CONTENTS

第1章 扩散模型简介 ... 1
1.1 扩散模型的原理 ... 1
1.1.1 生成模型 ... 1
1.1.2 扩散过程 ... 2
1.2 扩散模型的发展 ... 5
1.2.1 开始扩散：基础扩散模型的提出与改进 ... 6
1.2.2 加速生成：采样器 ... 6
1.2.3 刷新纪录：基于显式分类器引导的扩散模型 ... 7
1.2.4 引爆网络：基于CLIP的多模态图像生成 ... 8
1.2.5 再次"出圈"：大模型的"再学习"方法——DreamBooth、LoRA和ControlNet ... 8
1.2.6 开启AI作画时代：众多商业公司提出成熟的图像生成解决方案 ... 10
1.3 扩散模型的应用 ... 12
1.3.1 计算机视觉 ... 12
1.3.2 时序数据预测 ... 14
1.3.3 自然语言 ... 15
1.3.4 基于文本的多模态 ... 16
1.3.5 AI基础科学 ... 19

第2章 Hugging Face简介 ... 21
2.1 Hugging Face核心功能介绍 ... 21
2.2 Hugging Face开源库 ... 28
2.3 Gradio工具介绍 ... 30

第 3 章　从零开始搭建扩散模型 33

3.1　环境准备 33
3.1.1　环境的创建与导入 33
3.1.2　数据集测试 34

3.2　扩散模型之退化过程 34

3.3　扩散模型之训练 36
3.3.1　UNet 网络 36
3.3.2　开始训练模型 38

3.4　扩散模型之采样过程 41
3.4.1　采样过程 41
3.4.2　与 DDPM 的区别 44
3.4.3　UNet2DModel 模型 44

3.5　扩散模型之退化过程示例 57
3.5.1　退化过程 57
3.5.2　最终的训练目标 59

3.6　拓展知识 60
3.6.1　时间步的调节 60
3.6.2　采样（取样）的关键问题 61

3.7　本章小结 61

第 4 章　Diffusers 实战 62

4.1　环境准备 62
4.1.1　安装 Diffusers 库 62
4.1.2　DreamBooth 64
4.1.3　Diffusers 核心 API 66

4.2　实战：生成美丽的蝴蝶图像 67
4.2.1　下载蝴蝶图像集 67
4.2.2　扩散模型之调度器 69
4.2.3　定义扩散模型 70
4.2.4　创建扩散模型训练循环 72

  4.2.5 图像的生成 ······ 75
 4.3 拓展知识 ······ 77
  4.3.1 将模型上传到 Hugging Face Hub ······ 77
  4.3.2 使用 Accelerate 库扩大训练模型的规模 ······ 79
 4.4 本章小结 ······ 81

第 5 章 微调和引导 ······ 83

 5.1 环境准备 ······ 86
 5.2 载入一个预训练过的管线 ······ 87
 5.3 DDIM——更快的采样过程 ······ 88
 5.4 扩散模型之微调 ······ 91
  5.4.1 实战：微调 ······ 91
  5.4.2 使用一个最小化示例程序来微调模型 ······ 96
  5.4.3 保存和载入微调过的管线 ······ 97
 5.5 扩散模型之引导 ······ 98
  5.5.1 实战：引导 ······ 100
  5.5.2 CLIP 引导 ······ 104
 5.6 分享你的自定义采样训练 ······ 108
 5.7 实战：创建一个类别条件扩散模型 ······ 111
  5.7.1 配置和数据准备 ······ 111
  5.7.2 创建一个以类别为条件的 UNet 网络模型 ······ 112
  5.7.3 训练和采样 ······ 114
 5.8 本章小结 ······ 117

第 6 章 Stable Diffusion ······ 118

 6.1 基本概念 ······ 118
  6.1.1 隐式扩散 ······ 118
  6.1.2 以文本为生成条件 ······ 119
  6.1.3 无分类器引导 ······ 121
  6.1.4 其他类型的条件生成模型：Img2Img、Inpainting 与 Depth2Img 模型 ······ 122
  6.1.5 使用 DreamBooth 进行微调 ······ 123

6.2 环境准备 124
6.3 从文本生成图像 125
6.4 Stable Diffusion Pipeline 128
  6.4.1 可变分自编码器 128
  6.4.2 分词器和文本编码器 129
  6.4.3 UNet 网络 131
  6.4.4 调度器 132
  6.4.5 DIY 采样循环 134
6.5 其他管线介绍 136
  6.5.1 Img2Img 136
  6.5.2 Inpainting 138
  6.5.3 Depth2Image 139
6.6 本章小结 140

第 7 章 DDIM 反转   141

7.1 实战：反转 141
  7.1.1 配置 141
  7.1.2 载入一个预训练过的管线 142
  7.1.3 DDIM 采样 143
  7.1.4 反转 147
7.2 组合封装 153
7.3 ControlNet 的结构与训练过程 158
7.4 ControlNet 示例 162
  7.4.1 ControlNet 与 Canny Edge 162
  7.4.2 ControlNet 与 M-LSD Lines 162
  7.4.3 ControlNet 与 HED Boundary 163
  7.4.4 ControlNet 与涂鸦画 164
  7.4.5 ControlNet 与人体关键点 164
  7.4.6 ControlNet 与语义分割 164
7.5 ControlNet 实战 165

7.6 **本章小结** ·· 174

第 8 章 音频扩散模型 ··· **175**

8.1 **实战：音频扩散模型** ··· **175**

8.1.1 设置与导入 ··· 175

8.1.2 在预训练的音频扩散模型管线中进行采样 ················· 176

8.1.3 从音频到频谱的转换 ·· 177

8.1.4 微调管线 ·· 180

8.1.5 训练循环 ·· 183

8.2 **将模型上传到 Hugging Face Hub** ································· **186**

8.3 **本章小结** ·· **187**

附录 A 精美图像集展示 ··· **188**

附录 B Hugging Face 相关资源 ·· **202**

第1章 扩散模型简介

扩散模型（Diffusion Model）是一类十分先进的基于扩散思想的深度学习生成模型。生成模型除了扩散模型之外，还有出现较早的 VAE（Variational Auto-Encoder，变分自编码器）和 GAN（Generative Adversarial Net，生成对抗网络）等。虽然它们与扩散模型也有一些渊源，不过这并不在本书的讨论范围之内。同时本书也不会深入介绍扩散模型背后复杂的数学原理。即便如此，你仍然可以基于本书介绍的内容学会通过相关代码来生成精美的图像。

在进入本书的实战章节之前，我们先来简单了解一下扩散模型。

本章涵盖的知识点如下。

- 扩散模型的原理，旨在介绍扩散模型是如何"扩散"的。
- 扩散模型的发展，旨在介绍扩散模型在图像生成方面的技术迭代与生态发展历程。
- 扩散模型的应用，旨在介绍扩散模型除了图像生成领域之外的其他应用。

1.1 扩散模型的原理

扩散模型是一类生成模型，它运用了物理热力学中的扩散思想，主要包括前向扩散和反向扩散两个过程。本节将介绍扩散模型的原理，其中不包含复杂的数学推导。

1.1.1 生成模型

在深度学习中，生成模型的目标是根据给定的样本（训练数据）生成新样本。首先给定一批训练数据 X，假设其服从某种复杂的真实分布 $p(x)$，则给定的训练数据可视为从该分布中采样的观测样本 x。如果能够从这些观测样本中估计出训练数据的真实分布，不就可以从该分布中源源不断地采样出新的样本了吗？生成模型实际上就是这么做的，它的作用是估计训练数据的真实分布，并将其假定为 $q(x)$。在深度学习中，这个过程称为拟合网络。

那么问题来了，怎么才能知道估计的分布 $q(x)$ 和真实分布 $p(x)$ 的差距大不大呢？一种简单的思路是要求所有的训练数据样本采样自 $q(x)$ 的概率最大。这种思路实际上来自统计学中的最大似然估计思想，它也是生成模型的基本思想之一，因此生成模型的学习目标就是对训练数据的分布进行建模。

1.1.2 扩散过程

最大似然估计思想已经在一些模型（如 VAE）上应用并取得了不错的效果。扩散模型可看作一个更深层次的 VAE。扩散模型的表达能力更加丰富，而且其核心在于扩散过程。

扩散的思想来自物理学中的非平衡热力学分支。非平衡热力学专门研究某些不处于热力学平衡中的物理系统，其中最为典型的研究案例是一滴墨水在水中扩散的过程。在扩散开始之前，这滴墨水会在水中的某个地方形成一个大的斑点，我们可以认为这是这滴墨水的初始状态，但要描述该初始状态的概率分布则很困难，因为这个概率分布非常复杂。随着扩散过程的进行，这滴墨水随着时间的推移逐步扩散到水中，水的颜色也逐渐变成这滴墨水的颜色，如图 1-1 所示。此时，墨水分子的概率分布将变得更加简单和均匀，这样我们就可以很轻松地用数学公式来描述其中的概率分布了。

在这种情况下，非平衡热力学就派上用场了，它可以描述这滴墨水随时间推移的扩散过程中每一个"时间步"（旨在将连续的时间过程离散化）状态的概率分布。若能够想到办法把这个过程反过来，就可以从简单的分布中逐步推断出复杂的分布。

公认最早的扩散模型 DDPM（Denoising Diffusion Probabilistic Model）的扩散原理就由此而来，不过仅有上述条件依然很难从简单的分布倒推出复杂的分布。DDPM 还做了一些假设，例如假设扩散过程是马尔可夫过程[1]（即每一个时间步状态

---

[1] 马尔可夫链既是马尔可夫过程的原始模型，也是一个表示状态转移的离散随机过程。该离散随机过程具有"无记忆"的性质，即下一状态的概率分布仅由当前状态表示，而与之前的所有状态无关，同时只要时间序列足够长，即状态转移的次数足够多，最终的概率分布将趋于稳定。

的概率分布仅由上一个时间步状态的概率分布加上当前时间步的高斯噪声得到），以及假设扩散过程的逆过程是高斯分布等。

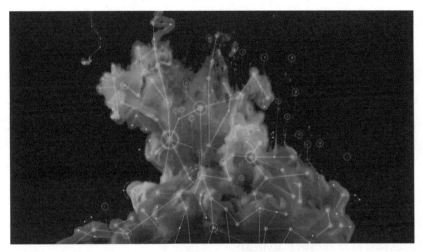

图1-1 一滴墨水在水中扩散分布的示意图

DDPM的扩散过程如图1-2所示，具体分为前向过程和反向过程两部分。

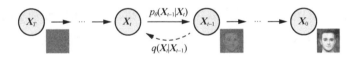

图1-2 DDPM的扩散过程

1）前向过程

前向过程是给数据添加噪声的过程。假设给定一批训练数据，数据分布为 $x_0 \sim q(x_0)$，其中，0 表示初始状态，即还没有开始扩散。如前所述，将前向加噪过程分为离散的多个时间步 T，在每一个时间步 t，给上一个时间步 $t-1$ 的数据 x_{t-1} 添加高斯噪声，从而生成带有噪声（简称"带噪"）的数据 x_t，同时数据 x_t 也会被送入下一个时间步 $t+1$ 以继续添加噪声。其中，噪声的方差是由一个位于区间（0,1）的固定值 β_t 确定的，均值则由固定值 β_t 和当前时刻"带噪"的数据分布确定。在反复迭代和加噪（即添加噪声）T 次之后，只要 T 足够大，根据马尔可夫链的性质，最终就可以得到纯随机噪声分布的数据，即类似稳定墨水系统的状态。

接下来，我们用简单的公式描述一下上述过程。从时间步 $t-1$ 到时间步 t 的单

步扩散加噪过程的数学表达式如下:

$$q(\boldsymbol{x}_t| \boldsymbol{x}_{t-1}) = \mathcal{N}(\boldsymbol{x}_t; \sqrt{1-\beta_t}\boldsymbol{x}_{t-1}, \beta_t \boldsymbol{I})$$

最终的噪声分布数学表达式如下:

$$q(\boldsymbol{x}_{1:T}| \boldsymbol{x}_0) = \prod_{t=1}^{T} q(\boldsymbol{x}_t| \boldsymbol{x}_{t-1})$$

2)反向过程

前向过程是将数据噪声化的过程,反向过程则是"去噪"的过程,即从随机噪声中迭代恢复出清晰数据的过程。

要从采样自高斯噪声 $\boldsymbol{x}_t \sim \mathcal{N}(0, \boldsymbol{I})$ 的一个随机噪声中恢复出原始数据 $\boldsymbol{x}_0$,就需要知道反向过程中每一步的图像分布状态转移。类似地,DDPM 也将反向过程定义为一个马尔可夫链,只不过这个马尔可夫链是由一系列用神经网络参数化的高斯分布组成的,也就是需要训练的扩散模型。

从时间步 t 到时间步 $t-1$ 的单步反向"去噪"过程的数学表达式如下:

$$q(\boldsymbol{x}_{t-1}| \boldsymbol{x}_t, \boldsymbol{x}_0) = \mathcal{N}(\boldsymbol{x}_{t-1}; \tilde{\boldsymbol{\mu}}(\boldsymbol{x}_t, \boldsymbol{x}_0), \tilde{\beta}_t \boldsymbol{I})$$

由于反向过程的每一步都是参数化的高斯分布,因此可以分别求高斯分布的均值和方差。这里略去根据贝叶斯公式推导的过程,最终得到时间步 $t-1$ 的高斯分布 $q(\boldsymbol{x}_{t-1}|\boldsymbol{x}_t, \boldsymbol{x}_0)$ 的均值和方差的数学表达式如下:

$$\tilde{\beta}_t = 1 / \left(\frac{\alpha_t}{\beta_t} + \frac{1}{1-\bar{\alpha}_{t-1}} \right) = 1 / \left(\frac{\alpha_t - \bar{\alpha}_t + \beta_t}{\beta_t(1-\bar{\alpha}_{t-1})} \right) = \frac{1-\bar{\alpha}_{t-1}}{1-\bar{\alpha}_t} \cdot \beta_t$$

$$\tilde{\boldsymbol{\mu}}_t(\boldsymbol{x}_t, \boldsymbol{x}_0) = \left(\frac{\sqrt{\alpha_t}}{\beta_t} \boldsymbol{x}_t + \frac{\sqrt{\bar{\alpha}_{t-1}}}{1-\bar{\alpha}_{t-1}} \boldsymbol{x}_0 \right) / \left(\frac{\alpha_t}{\beta_t} + \frac{1}{1-\bar{\alpha}_{t-1}} \right)$$

$$= \left(\frac{\sqrt{\alpha_t}}{\beta_t} \boldsymbol{x}_t + \frac{\sqrt{\bar{\alpha}_{t-1}}}{1-\bar{\alpha}_{t-1}} \boldsymbol{x}_0 \right) \frac{1-\bar{\alpha}_{t-1}}{1-\bar{\alpha}_t} \cdot \beta_t$$

$$= \frac{\sqrt{\alpha_t}(1-\bar{\alpha}_{t-1})}{1-\bar{\alpha}_t} \boldsymbol{x}_t + \frac{\sqrt{\bar{\alpha}_{t-1}}\beta_t}{1-\bar{\alpha}_t} \boldsymbol{x}_0$$

可以看出,方差是一个定量(扩散过程参数固定),而均值是一个依赖于 $\boldsymbol{x}_0$ 和

x_t 的函数，因此需要使用扩散模型来优化参数。

3）优化目标

扩散模型预测的是噪声残差，即要求后向过程中预测的噪声分布与前向过程中施加的噪声分布之间的"距离"最小。

下面我们从另一个角度来看看扩散模型。如果把中间产生的变量看成隐变量的话，那么扩散模型其实是一种包含 T 个隐变量的模型，因此可以看成更深层次的 VAE，而 VAE 的损失函数可以使用**变分推断**来得到变分下界（variational lower bound）。至于具体过程，本书不做过多的公式推导，感兴趣的读者可以参考 DDPM 原文。

扩散模型的最终优化目标的数学表达式如下：

$$L_{t-1}^{\text{simple}} = \mathbb{E}_{x_0, \epsilon \sim \mathcal{N}(0, I)} \left[\| \epsilon - \epsilon_\theta(\sqrt{\overline{\alpha}_t} x_0 + \sqrt{1 - \overline{\alpha}_t} \epsilon, t) \|^2 \right]$$

可以看出，在训练 DDPM 时，只要用一个简单的 MSE（Mean Squared Error，均方误差）损失来最小化前向过程施加的噪声分布和后向过程预测的噪声分布，就能实现最终的优化目标。

1.2 扩散模型的发展

扩散模型从最初的简单图像生成模型，逐步发展到替代原有的图像生成模型，直到如今开启 AI 作画的时代，发展速度可谓惊人。因为本书主要介绍扩散模型的 2D 图像生成任务，所以本节仅介绍与 2D 图像生成相关的扩散模型的发展历程，具体如下。

- 开始扩散：基础扩散模型的提出与改进。
- 加速生成：采样器。
- 刷新纪录：基于显式分类器引导的扩散模型。
- 引爆网络：基于 CLIP（Contrastive Language-Image Pretraining，对比语言-图像预处理）的多模态图像生成。
- 再次"出圈"：大模型的"再学习"方法——DreamBooth、LoRA 和 ControlNet。
- 开启 AI 作画时代：众多商业公司提出成熟的图像生成解决方案。

1.2.1 开始扩散：基础扩散模型的提出与改进

在图像生成领域，最早出现的扩散模型是 DDPM（于 2020 年提出）。DDPM 首次将"去噪"扩散概率模型应用到图像生成任务中，奠定了扩散模型在图像生成领域应用的基础，包括扩散过程定义、噪声分布假设、马尔可夫链计算、随机微分方程求解和损失函数表征等，后面涌现的众多扩散模型都是在此基础上进行了不同种类的改进[1]。

1.2.2 加速生成：采样器

虽然扩散模型在图像生成领域取得了一定的成果，但是由于其在图像生成阶段需要迭代多次，因此生成速度非常慢（最初版本的扩散模型的生成速度甚至长达数分钟），这也是扩散模型一直受到诟病的原因。在扩散模型中，图像生成阶段的速度和质量是由采样器控制的，因此如何在保证生成质量的前提下加快采样是一个对扩散模型而言至关重要的问题。

论文"Score-Based Generative Modeling through Stochastic Differential Equations"证明了 DDPM 的采样过程是更普遍的随机微分方程，因此只要能够更离散化地求解该随机微分方程，就可以将 1000 步的采样过程缩减至 50 步、20 步甚至更少的步数，从而极大地提高扩散模型生成图像的速度，如图 1-3 所示。针对如何更快地进行采样这一问题，目前已经涌现了许多优秀的求解器，如 Euler、SDE、DPM-Solver++ 和 Karras 等，这些加速采样方法也是扩散模型风靡全球至关重要的推力。

图 1-3　DPM-Solver++ 在 20 步采样内实现从"一碗水果"到"一碗梨"的图像编辑

1　Ho J, Jain A, and Abbeel P. Denoising Diffusion Probabilistic Models [J]. Advances in Neural Information Processing Systems, 2020, pp.6840-6851.

1.2.3 刷新纪录：基于显式分类器引导的扩散模型

2021 年 5 月以前，虽然扩散模型已经被应用到图像生成领域，但它实际上在图像生成领域并没有 "大红大紫"，因为早期的扩散模型在所生成图像的质量和稳定性上并不如经典的生成模型 GAN（Generative Adversarial Network，生成对抗网络），真正让扩散模型开始在研究领域 "爆火" 的原因是论文 "Diffusion Models Beat GANs on Image Synthesis" 的发表。OpenAI 的这篇论文贡献非常大，尤其是该文介绍了在扩散过程中如何使用显式分类器引导。

更重要的是，这篇论文打败了图像生成领域统治多年的 GAN，展示了扩散模型的强大潜力，使得扩散模型一举成为图像生成领域最火的模型，如图 1-4 所示。

图 1-4　扩散模型超越 GAN 的图像生成示例
（左图为 BigGAN-deep 模型的结果，右图为 OpenAI 扩散模型的结果）

1.2.4 引爆网络：基于CLIP的多模态图像生成

CLIP是连接文本和图像的模型，旨在将同一语义的文字和图片转换到同一个隐空间中，例如文字"一个苹果"和图片"一个苹果"。正是由于这项技术和扩散模型的结合，才引起基于文字引导的文字生成图像扩散模型在图像生成领域的彻底爆发，例如OpenAI的GLIDE、DALL-E、DALL-E 2（基于DALL-E 2生成的图像如图1-5所示）、Google的Imagen以及开源的Stable Diffusion（Stable Diffusion v2扩散模型的主页如图1-6所示）等，优秀的文字生成图像扩散模型层出不穷，给我们带来无尽的惊喜。

图1-5　基于DALL-E 2生成的"拿着奶酪的猫"

图1-6　Hugging Face的Stable Diffusion v2扩散模型的主页

1.2.5 再次"出圈"：大模型的"再学习"方法——DreamBooth、LoRA和ControlNet

自从扩散模型走上大模型之路后，重新训练一个图像生成扩散模型变得非常昂贵。面对数据和计算资源高昂的成本，个人研究者想要入场进行扩散模型的相关研究已经变得非常困难。

但实际上，像开源的Stable Diffusion这样的扩散模型已经出色地学习到非常多的图像生成知识，因此不需要也没有必要重新训练类似的扩散模型。于是，许多基于现有的扩散模型进行"再学习"的技术自然而然地涌现，这也使得个人在消费级显卡上训练自己的扩散模型成为可能。DreamBooth、LoRA 和 ControlNet 是实现大模型"再学习"的不同方法，它们是针对不同的任务而提出的。

DreamBooth 可以实现使用现有模型再学习到指定主体图像的功能，只要通过少量训练将主体绑定到唯一的文本标识符后，就可以通过输入文本提示语来控制自己的主体以生成不同的图像，如图 1-7 所示。

图 1-7 使用 DreamBooth 将小狗嵌入图像中并生成不同场景下的小狗

LoRA 可以实现使用现有模型再学习到自己指定数据集风格或人物的功能，并且还能够将其融入现有的图像生成中。Hugging Face 提供了训练 LoRA 的 UI 界面，如图 1-8 所示。

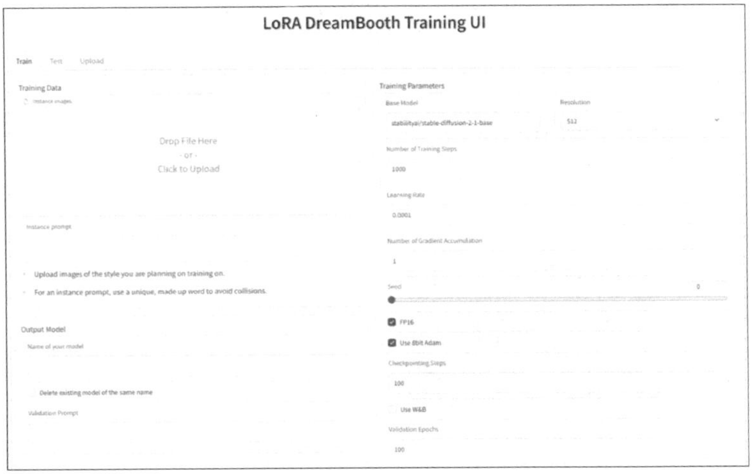

图 1-8 Hugging Face 提供的 LoRA 训练界面

ControlNet 可以再学习到更多模态的信息,并利用分割图、边缘图等功能更精细地控制图像的生成。第 7 章将对 ControlNet 进行更加细致的讲解。

1.2.6 开启 AI 作画时代:众多商业公司提出成熟的图像生成解决方案

图像生成扩散模型"爆火"之后,缘于技术的成熟加上关注度的提高以及上手简易等,网络上的扩散模型"百花齐放",越来越多的人开始使用扩散模型来生成图像。

众多提供成熟图像生成解决方案的公司应运而生。例如,图像生成服务提供商 Midjourney 实现了用户既可以通过 Midjourney 的 Discord 频道主页(如图 1-9 所示)输入提示语来生成图像,也可以跟全世界的用户一起分享和探讨图像生成的细节。此外通过 Stability AI 公司开发的图像生成工具箱 DreamStudio(如图 1-10 所示),用户既可以使用提示语来编辑图像,也可以将其 SDK 嵌入自己的应用或者作为 Photoshop 插件使用。当然,Photoshop 也有自己的基于扩散模型的图像编辑工具库 Adobe Firefly(如图 1-11 所示),用户可以基于 Photoshop 传统的选区等精细控制功能来更高效地生成图像。

图 1-9　Midjourney 的 Discord 频道主页

图 1-10　Stability AI 公司开发的 DreamStudio

图 1-11　Adobe 的图像编辑工具库 Adobe Firefly

百度公司推出了文心一格 AI 创作平台（如图 1-12 所示），而阿里巴巴达摩院也提出了自己的通义文生图大模型等。除了头部企业以外，一些创业公司也开始崭露头角，退格网络推出的 Tiamat 图像生成工具已获多轮投资，由该工具生成的精美概念场景图像登陆上海地铁广告牌。北京毛线球科技有限公司开发的 6pen Art 图像生成 APP（如图 1-13 所示）将图像生成带到手机端，使用户在手机上就能体验 AI 作画。

图 1-12　百度公司的文心一格 AI 创作平台

图 1-13　6pen Art 图像生成 APP

众多的服务商致力于以最成熟、最简单的方式让大众能够通过输入文字或图片的方式生成想要的图像，真正开启了 AI 作画时代。

1.3 扩散模型的应用

扩散只是一种思想，扩散模型也并非固定的深度网络结构。除此之外，如果将扩散的思想融入其他领域，扩散模型同样可以发挥重要作用。

在实际应用中，扩散模型最常见、最成熟的应用就是完成图像生成任务，本书同样聚焦于此。不过即便如此，扩散模型在其他领域的应用仍不容忽视，可能在不远的将来，它们就会像在图像生成领域一样蓬勃发展，一鸣惊人。

本节将介绍扩散模型在其他领域的应用，具体内容如下。
- 计算机视觉。
- 时序数据预测。
- 自然语言。
- 基于文本的多模态。
- AI基础科学。

1.3.1 计算机视觉

计算机视觉包括 2D 视觉和 3D 视觉两个方面，这里仅介绍扩散模型在 2D 图像领域的应用。

图像类的应用十分广泛，而且与人们的日常生活息息相关。在扩散模型出现之前，与图像处理相关的研究已经很多了，而扩散模型在许多图像处理任务中都可以很好地发挥作用，具体如下。
- 图像分割与目标检测。图像分割与目标检测是计算机视觉领域的经典任务，在智能驾驶、质量监测等方面备受关注。而在加入扩散的方法之后，就可以获取更精准的分割和检测结果了，例如Meta AI的SegDiff分割扩散模型可以生成分割Mask图（如图1-14所示），检测扩散模型DiffusionDet同样可以端到端地从随机矩形框逐步生成检测框（如图1-15所示）。不过，扩散模型仍然存在生成速度慢的问题，在应用于一些需要实时检测的场景时还需继续优化。

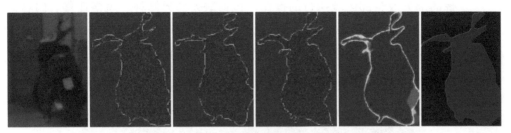

图 1-14　SegDiff 生成的分割 Mask 图

图 1-15　DiffusionDet 生成的检测框

- 图像超分辨率。图像超分辨率是一项能够将低分辨率图像重建为高分辨率图像，同时保证图像布局连贯的技术。CDM（Cascaded Diffusion Model，级联扩散模型）通过采用串联多个扩散模型的方式，分级式地逐步放大分辨率，实现了图像超分辨率[1]，图1-16给出了一个使用CDM实现图像超分辨率的示例。

图 1-16　使用 CDM 实现图像超分辨率

1　Jonathan Ho, Chitwan Saharia, William Chan, David J Fleet, Mohammad Norouzi, and Tim Salimans. Cascaded Diffusion Models for High Fidelity Image Generation. J. Mach. Learn. Res. 23(2022), 47–1.

- 图像修复、图像翻译和图像编辑。图像修复、图像翻译和图像编辑是对图像的部分或全部区域执行的操作，包括缺失部分修补、风格迁移、内容替换等。Palette是一个集成了图像修复、图像翻译和图像编辑等功能的扩散模型，它可以在一个模型中完成不同的图像级任务[1]。图1-17给出了一个使用Palette修复图像的示例。

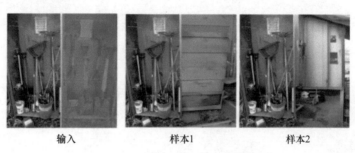

输入　　　　　样本1　　　　　样本2

图1-17　使用Palette修复图像

1.3.2　时序数据预测

时序数据预测旨在根据历史观测数据预测未来可能出现的数据，如空气温度预测、股票价格预测、销售与产能预测等。时序数据预测同样可以视为生成任务，即基于历史数据的基本条件来生成未来数据，因此扩散模型也能发挥作用。

TimeGrad[2]是首个在多元概率时序数据预测任务中加入扩散思想的自回归模型。为了将扩散过程添加到历史数据中，TimeGrad首先使用RNN（Recurrent Neural Network，循环神经网络）处理历史数据并保存到隐空间中，然后对历史数据添加噪声以实现扩散过程，由此处理数千维度的多元数据并完成预测任务。图1-18展示了TimeGrad在城市交通流量预测任务中的表现。

1　Chitwan Saharia, William Chan, Huiwen Chang, Chris Lee, Jonathan Ho, Tim Salimans, David Fleet, and Mohammad Norouzi. Palette: Image-to-Image Diffusion Models. In Special Interest Group on Computer Graphics and Interactive Techniques Conference Proceedings. pp.1-10, 2022.

2　Kashif Rasul, Calvin Seward, Ingmar Schuster, and Roland Vollgraf. Autoregressive Denoising Diffusion Models for Multivariate Probabilistic Time Series Forecasting. In International Conference on Machine Learning. pp.8857-8868, 2021.

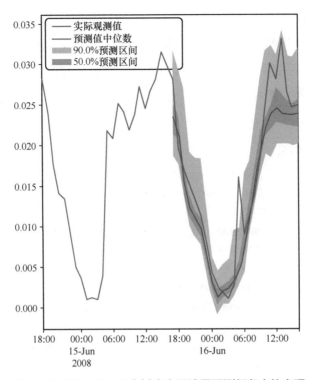

图 1-18　TimeGrad 在城市交通流量预测任务中的表现

时序数据预测在实际生活中的应用非常广泛。在过去,传统机器学习方法以及深度学习的 RNN 系列方法一直处于主导地位。如今,扩散模型已经表现出巨大的潜力,而这还仅仅是开始。

1.3.3　自然语言

自然语言领域也是人工智能的一个重要发展方向,旨在研究人类语言与计算机通信的相关问题,最近"爆火"的 ChatGPT 就是一个自然语言生成问答模型。

实际上,扩散模型同样可以完成语言类的生成任务。只要将自然语言类的句子分词并转换为词向量之后,就可以通过扩散的方法来学习自然语言的语句生成,进而完成自然语言领域一些更复杂的任务,如语言翻译、问答对话、搜索补全、情感分析、文章续写等。

Diffusion-LM[1] 是首个将扩散模型应用到自然语言领域的扩散语言模型。该模型旨在解决如何将连续的扩散过程应用到离散的非连续化文本的问题，由此实现语言类的高细粒度可控生成。经过测试，Diffusion-LM 在 6 种可控文本生成任务中取得非常好的生成效果，如表 1-1 所示。

表 1–1　Diffusion-LM 在 6 种可控文本生成任务中的生成效果

输入类型与输出文本	具体内容
输入（语义内容） 输出文本	food : Japanese Browns Cambridge is good for Japanese food and also children friendly near The Sorrento.
输入（词性） 输出文本	PROPN AUX DET ADJ NOUN NOUN VERB ADP DET NOUN ADP DET NOUN PUNCT Zizzi is a local coffee shop located on the outskirts of the city.
输入（语法树） 输出文本	(TOP (S (NP (*) (*)(*)) (VP(*) (NP (NP(*) ())))) The Twenty Two has great food
输入（语法范围） 输出文本	(7,10, VP) Wildwood pub serves multicultural dishes and is ranked 3 stars
输入（词数） 输出文本	14 Browns Cambridge offers Japanese food located near The Sorrento in the city centre.
输入（前上下文） 输入（后上下文） 输出文本	My dog loved tennis balls. My dog had stolen every one and put it under there. One day, I found all of my lost tennis balls underneath the bed.

实际上，后续也有非常多的基于 Diffusion-LM 的应用。不过在自然语言领域，目前的主流模型仍然是 GPT（Generative Pre-trained Transformer），我们非常期待扩散模型未来能在自然语言领域得到更进一步的发展。

1.3.4　基于文本的多模态

多模态信息指的是多种数据类型的信息，包括文本、图像、音 / 视频、3D 物体等。多模态信息的交互是人工智能领域的研究热点之一，对于 AI 理解人类世界、

1　Xiang Lisa Li, John Thickstun, Ishaan Gulrajani, Percy Liang, and Tatsunori B Hashimoto. Diffusion-LM Improves Controllable Text Generation. arXiv preprint arXiv:2205.14217(2022).

帮助人类处理多种事务具有重要意义。在诸如 DALL-E 2 和 Stable Diffusion 等图像生成扩散模型以及 ChatGPT 等语言模型出现之后，多模态开始逐渐演变为**基于文本和其他模态的交互**，如文本生成图像、文本生成视频、文本生成 3D 等。

- 文本生成图像。文本生成图像是扩散模型最流行、最成熟的应用，输入文本提示语或仅仅输入几个词，扩散模型就能根据文字描述生成对应的图片。本章开头介绍的大名鼎鼎的文本生成图像扩散模型 DALLE-2、Imagen 以及完全开源的 Stable Diffusion 等，都属于文本和图像的多模态扩散模型。图 1-19 给出了几个使用 Imagen 实现文字生成图像的示例，后面我们将重点介绍与文本生成图像相关的应用。

图 1-19　使用 Imagen 实现文字生成图像的几个示例

- 文本生成视频。与文本生成图像类似，文本生成视频扩散模型能够将输入的文本提示语转换为相应的视频流。不同的是，视频的前后帧需要保持极佳的连贯性。文本生成视频也有非常广泛的应用，如 Meta AI 的 Make-A-Video（如图 1-20 所示）以及能够精细控制视频生成的 ControlNet Video 等。图 1-21 展示了 Hugging Face 上的 ControlNet Video Space 应用界面。

图 1-20　Meta AI 的 Make-A-Video：一条身着超人外衣、肩披红色斗篷的狗在天空中翱翔

- 文本生成 3D。同样，文本生成 3D 扩散模型能够将输入的文本转换为相应的 3D 物体。稍有不同的是，3D 物体的表征有多种方式，如点云、网格、NeRF 等。不同的应用在实现方式上也略有差异，例如：DiffRF 提出了通过扩散的

方法实现从文本生成3D辐射场的扩散模型，如图1-22所示；3DFuse实现了基于二维图像生成对应的3D点云，我们可以在Hugging Face上体验官方给出的演示实例，如图1-23所示。虽然目前文本生成3D技术仍处于起步阶段，但其应用前景非常广阔，包括室内设计、游戏建模、元宇宙数字人等。

图 1-21　Hugging Face 上的 ControlNet Video Space 应用界面

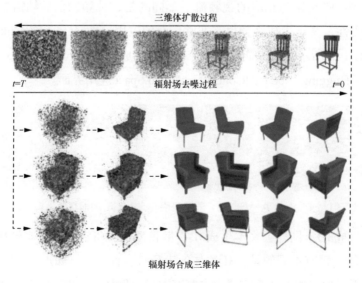

图 1-22　使用 DiffRF 生成 3D 沙发

图 1-23　Hugging Face 上的 3DFuse Space 应用界面

1.3.5　AI 基础科学

AI 基础科学又称 AI for Science，它是人工智能领域具有广阔前景的分支之一，甚至能够发展为造福全人类的技术。与 AI 基础科学相关的研究成果也不止一次荣登《自然》杂志。例如，2021 年 DeepMind 研究的 AlphaFold 2 可以预测人类世界 98.5% 的蛋白质，2022 年 DeepMind 用强化学习控制核聚变反应堆内过热的等离子体等。

扩散模型对生成类的任务一直表现十分专业，AI 基础科学中生成预测类的研究当然也少不了扩散模型的参与。SMCDiff 创建了一种扩散模型，该扩散模型可以根据给定的模体结构生成多样化的支架蛋白质，如图 1-24 所示。CDVAE 则提出了一种扩散晶体变分自编码器模型，旨在生成和优化具有固定周期性原子结构的材料[1,2]，如图 1-25 所示。

1　Brian L Trippe, Jason Yim, Doug Tischer, Tamara Broderick, David Baker, Regina Barzilay, and Tommi Jaakkola. Diffusion Probabilistic Modeling of Protein Backbones in 3D for the Motif-Scaffolding Problem. In International Conference on Learning Representations. 2023.
2　Tian Xie, Xiang Fu, Octavian-Eugen Ganea, Regina Barzilay, and Tommi S Jaakkola. Crystal Diffusion Variational Autoencoder for Periodic Material Generation. In International Conference on Learning Representations. 2021.

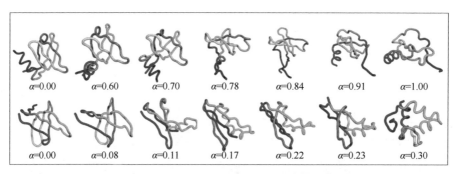

图 1-24　SMCDiff 生成的多样化的支架蛋白质

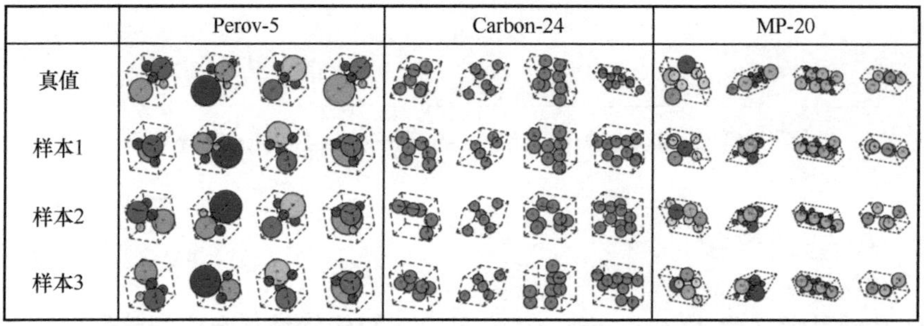

图 1-25　CDVAE 生成的遵循 Langevin 动力学的不同原子结构的材料

第 2 章　Hugging Face 简介

Hugging Face 是机器学习从业者协作和交流的平台。Hugging Face Hub 提供了一个中心，使得每个人都可以在这里分享、探索、发现和体验开源的机器学习资源。Hugging Face 正在帮助机器学习从业者学习、合作和分享他们的工作，共同构建开放、负责的人工智能的未来。

Hugging Face 的标志如图 2-1 所示。Hugging Face 成立于 2016 年，在纽约和巴黎设有办事处。Hugging Face 是一家"分布式"公司，团队成员来自世界各地，远程办公。Hugging Face 的使命是让好的机器学习大众化。换句话说，就是致力于让好的机器学习能力可以为所有人使用。Hugging Face 通过与全球社区成员连接，共同构建人工智能社区的未来，一步一个脚印地来完成这项使命。

图 2-1　Hugging Face 的标志

2.1　Hugging Face 核心功能介绍

Hugging Face 的核心产品是 Hugging Face Hub，这是一个基于 Git 进行版本管理的存储库，用户可以在这里托管自己的模型、数据集，并为自己的模型加入模型卡片以介绍模型的内容和用法。截至 2023 年 3 月底，Hugging Face Hub 上已经托管了 16.2 万个模型、2.6 万个数据集以及 2.5 万个 Space 应用（仅统计公开的模型、数据集和 Space 应用）。接下来，我们简单介绍一下 Hugging Face Hub 的一些主要功能。

如图 2-2 所示，在 Hugging Face Hub 上，一个典型的模型卡片通常包含模型的名称以及各种分类标签，模型的开源协议以及预印本平台 arXiv.org 上的论文引用等，还包括模型的月下载量、趋势图等信息。

图 2-2　截至本书完成时，bert-base-uncased 是 Hugging Face Hub 上下载量最大的模型，下载次数接近 4000 万

前文提到，Hugging Face Hub 上的存储库是基于 Git 的，因此可以直接使用模型页面的 URL 执行 Git 操作，代码如下：

```
git clone https://hf.co/bert-base-uncased
```

当你把模型开源到 Hugging Face 时，最重要的内容就是模型卡片中关于模型的详细介绍，模型卡片中可以包含模型的用途、制作模型的背景、模型的详细介绍、引用论文、使用说明等。受众多因素的影响，模型卡片也可以提前声明模型中可能出现的一些带有偏见的内容，让使用者有合理的预期。同时，你还可以提供一些模型的训练思路等信息，以方便愿意贡献的成员为你的开源作品添砖加瓦。

如图 2-3 所示，Hugging Face Hub 还支持通过上传自己的数据集，直接在线对模型进行微调的功能。

图 2-3　使用 Hugging Face Hub 的 AutoTrain 功能对模型进行微调

模型卡片的另一个很直观的功能称为"推理 API",它的主界面如图 2-4 所示。如果 AI 模型能更方便地落地到实际的工程中,这样就能惠及更多人,推理 API 加速了这一过程。通过推理 API,你可以在模型页面上直接"运行"模型的输入并得到输出结果。你还可以通过单击模型页面上的"Deploy"按钮,选择"Inference API"来调出示例代码,你甚至可以利用 Python、JavaScript 和 curl 代码,通过推理 API 来调用模型。

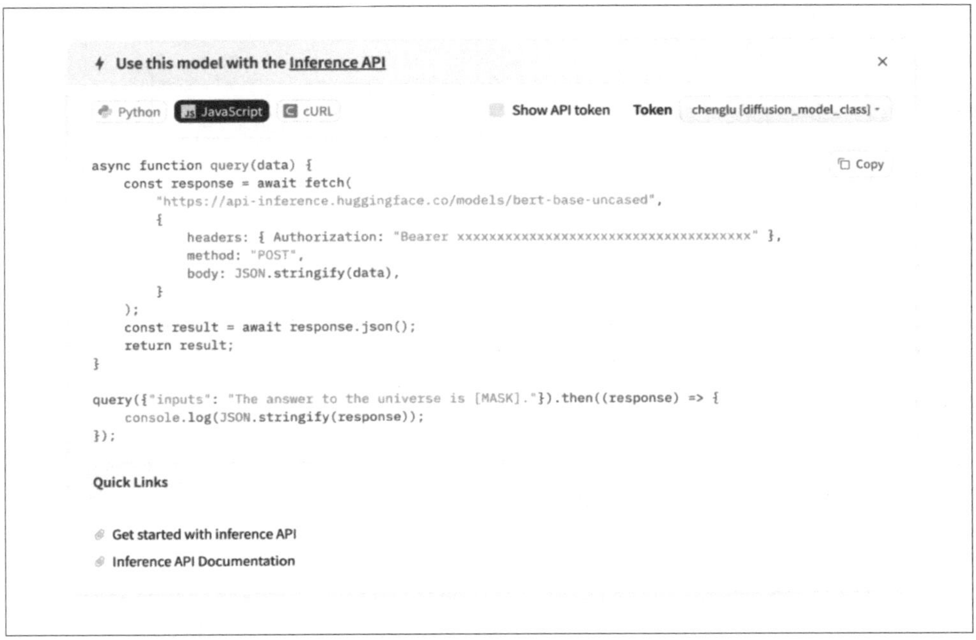

```
↯ Use this model with the Inference API                                    ×

   ○ Python    JS JavaScript    C cURL        ☐ Show API token   Token  chenglu [diffusion_model_class] ▾

   async function query(data) {                                        ⧉ Copy
       const response = await fetch(
           "https://api-inference.huggingface.co/models/bert-base-uncased",
           {
               headers: { Authorization: "Bearer xxxxxxxxxxxxxxxxxxxxxxxxxxxxx" },
               method: "POST",
               body: JSON.stringify(data),
           }
       );
       const result = await response.json();
       return result;
   }
   query({"inputs": "The answer to the universe is [MASK]."}).then((response) => {
       console.log(JSON.stringify(response));
   });

   Quick Links

   ⧉ Get started with inference API
   ⧉ Inference API Documentation
```

图 2-4　推理 API 的主界面

如图 2-5 所示,模型卡片的托管式推理 API 除了可以加入一些文字形式的输入输出以外,还支持通过上传图片和调用浏览器 API 来获取麦克风实时音频的功能,并且可以通过推理 API 调用模型来进行识别和处理。

模型卡片中除了描述模型的分类、介绍和运行情况以外,还描述了模型训练时使用的数据集。具体来说,我们在图 2-6 中可以看到,基础模型 bert-base-uncased 就使用了 Hugging Face 上托管的维基百科数据集,该数据集由 Hugging Face 开源和维护。Hugging Face 还按照语言对该数据集进行了拆分,并清理了文章中的 Markdown 代码以及不必要的信息(如引用脚标等),以便开发者直接调用。

图 2-5 支持通过上传音频文件来运行的 wav2vec2-large-xlsr-53-english 模型

图 2-6 bert-base-uncased 模型的训练数据集以及使用该模型建立的 Space 应用列表

实际调用 Hugging Face Hub 上的数据集也非常简单，如图 2-7 所示。

图 2-7　使用 load_dataset 方法调用 Hugging Face Hub 上的维基百科数据集

图 2-7 所示代码中使用的 Datasets 库已由 Hugging Face 开源，2.2 节将详细介绍此类开源库。

除了模型和数据集以外，Hugging Face Hub 还提供了一个名为 Spaces 的功能，它可以让你在几分钟内就创建和部署一个机器学习应用。Spaces 的 SDK 支持使用 Gradio、Streamlit、Docker 和静态 HTML。Hugging Face 为 Space 应用提供了免费的两核 CPU 以及 16GB 内存的服务器来进行模型推理等工作。图 2-8 展示了 Hugging Face Hub 的 Spaces 界面，从中可以查看本周的热门 Space 应用。

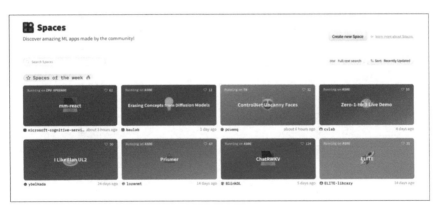

图 2-8　Hugging Face Hub 的 Spaces 界面展示了本周的热门 Space 应用

为了确保有效利用资源，Hugging Face 为 Space 应用提供的免费服务器会在闲置一定时间（目前是 72h）后自动进入休眠状态，并在有用户访问时被再次唤醒。如果想获取更稳定的访问，你可以付费升级硬件，也可以申请社区赞助，还可以向官方申请进行免费的硬件升级。

相比推理 API，Space 应用有更复杂的页面交互，还可以提供示例的输入内容以方便用户和开发者使用。与此同时，Hugging Face 为每个 Space 应用提供了一个可以直接访问的网址，域名通常如下：

```
用户名-Space应用名.hf.space
```

图 2-9 所示的由微软认知服务团队创建的名为 mm-react 的 Space 应用的网址如下：

```
https://microsoft-cognitive-service-mm-react.hf.space
```

从这个 Space 应用的网址可以看出，团队账号的用户名是 microsoft-cognitive-service，应用的名称是 mm-react。也可以直接把 Hugging Face 用户名放在 "https://hf.co/" 的后面，这样就可以访问用户或团队的个人主页了，例如：

```
https://hf.co/microsoft-cognitive-service
```

图 2-9　由微软认知服务团队创建的名为 mm-react 的 Space 应用

你还可以参考图 2-9，通过 Space 应用的"Duplicate this Space"功能，一键将 Space 应用"据为己有"。如图 2-10 所示，根据 Space 应用原来的配置，你可能在复制的时候需要加入一些配置值等。其他用户创建的 Space 应用可能使用了免费的服务器，因此在高峰期访问这些应用可能会出现不稳定的情况。在通过"Duplicate this Space"功能复制他人的 Space 应用之后，你就可以使用自己"独占"的计算服务器资源了，加入自己的 API 密钥等一系列自定义配置。

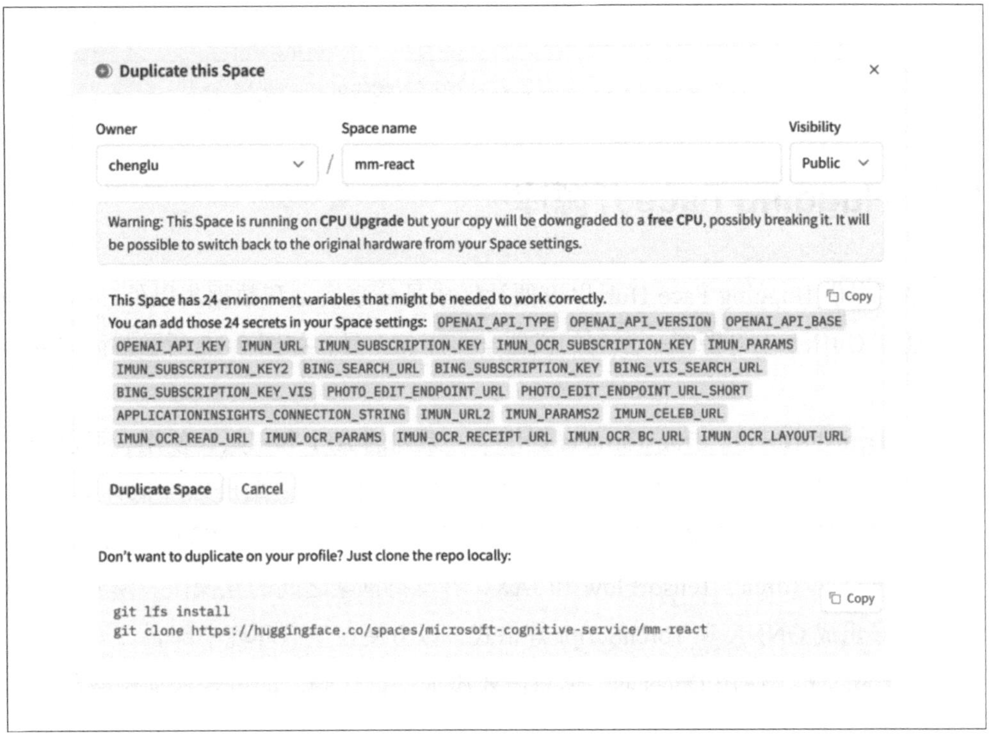

图 2-10 "Duplicate this Space"功能界面

Hugging Face Hub 上的模型和数据集仓库也可以像 GitHub 一样进行社区协作，比如发布讨论帖子、提交 Pull Request 等，此外还支持用户"点赞"以表示对模型和数据集的喜爱。Hugging Face 支持组织账户，目前已有近 3 万个组织类型（公司、学校、课程小组、非营利组织、社区等）的账户。众多知名的跨国公司、研究室等也都在 Hugging Face 上注册了自己的官方组织账号，如图 2-11 所示。

图 2-11　Hugging Face 首页上展示的组织账号

2.2　Hugging Face 开源库

除了提供 Hugging Face Hub 以方便社区成员分享模型和数据集以外，Hugging Face 还在 GitHub 上开源了一系列的机器学习库和工具，如图 2-12 所示。简单列举如下。

- **Transformers**。Transformers 提供了一系列的 API 和工具，使用者可以轻松地下载和训练 SOTA 的预训练模型。使用预训练模型可以降低计算成本、减少碳排放，从而节省从零开始训练模型所需的时间和资源。Transformers 支持 PyTorch、TensorFlow 和 JAX，并支持框架之间的互操作。模型还可以导出成 ONNX 和 TorchScript 等格式，以方便在生产环境中部署。
- **Datasets**。使用 Datasets，你只需要添加一行代码，即可轻松加载各种数据集，Datasets 可以帮助你轻松地访问和共享音频、计算机视觉和自然语言处理等任务的数据集。借助 Apache Arrow 格式的支持，你可以零拷贝读取和处理大型数据集。Datasets 还与 Hugging Face Hub 做了深度集成，你可以便捷地加载数据集，并与更广泛的机器学习社区成员共享。
- **Diffusers**。Diffusers 是一个操作扩散模型的工具箱，它可以非常方便地使用各种扩散模型生成图像、音频，也可以非常方便地使用各种噪声调度器，以调节模型推理过程中模型生成的速度和质量。此外，Diffusers 还支持多种类型的模型。

图 2-12　Hugging Face 的 GitHub 组织页面以及"置顶"的开源代码仓库

- **Accelerate**。你只需要添加 4 行代码，即可通过 Accelerate 在任何类型的设备上运行原本的 PyTorch 训练脚本。Accelerate 仅仅将与 multi-GPU、TPU 等相关的模板代码抽象出来，其余代码保持不变。
- **Optimum**。Optimum 是 Transformers 的扩展，它提供了一组性能优化工具，可以在特定的目标硬件上以最高效率训练和运行模型。
- **timm**。timm（PyTorch Image Models）是一个深度学习库，其中包含图像模型、优化器、调度器以及训练/验证脚本等内容。

除了上面列举的开源库之外，其他常用的开源库有 Tokenizers、Evaluate 等。Tokenizers 是适用于研究和生产环境的高性能分词器，使用 Rust 语言实现，在 20s 以内就能使用 CPU 完成对 1GB 文本数据的分词。Evaluate 则使用数十种流行的指标对数据集和模型进行评估。你可以在 Hugging Face 的 GitHub 组织页面上查看所有这些开源库。

2.3　Gradio 工具介绍

Gradio 是一个开源的 Python 库，由 Hugging Face 推出，用于构建机器学习和数据科学演示以及 Web 应用。借助 Gradio，你可以快速为机器学习模型或数据科学工作流创建美观的用户界面，让用户能够通过浏览器拖放自己的图片、粘贴文本、录制自己的声音并与你的演示互动。图 2-13 展示了 Gradio 首页上的产品示例。

图 2-13　Gradio 首页上的产品示例

当你需要向用户展示机器学习模型的时候，创建一个交互式应用是很好的选择，Gradio 可以有效地帮助你做到这一点。安装和运行 Gradio 的方法非常简单，只需要执行如下简单的 3 个步骤即可。

（1）使用 pip 安装 Gradio，代码如下：

```
pip install gradio
```

（2）以经典的"Hello World！"程序为例，输入代码，代码如图 2-14 所示，非常简单。

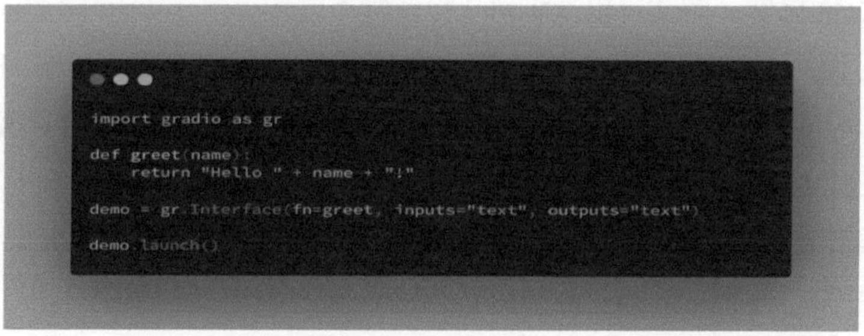

```
import gradio as gr

def greet(name):
    return "Hello " + name + "!"

demo = gr.Interface(fn=greet, inputs="text", outputs="text")
demo.launch()
```

图 2-14　Gradio 的"Hello World！"程序代码

（3）使用 gradio 命令运行 Gradio 应用脚本，代码如下：

```
gradio app.py
```

你将看到图 2-15 所示的界面。

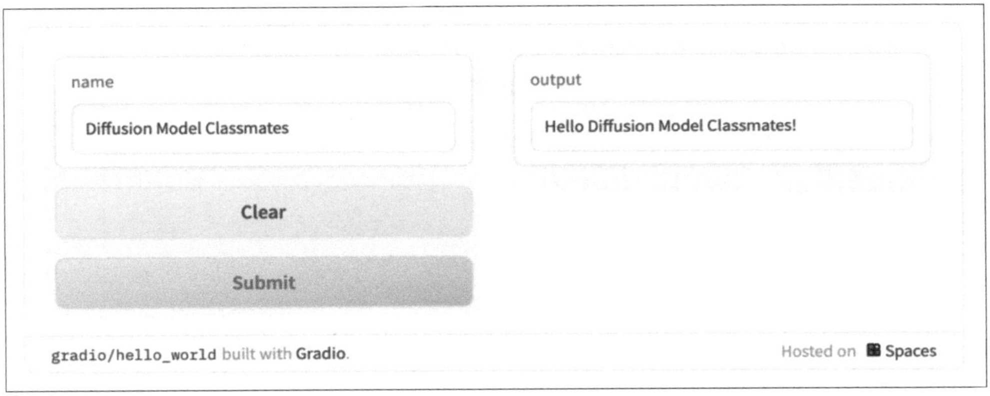

图 2-15　使用 Gradio 运行"Hello World！"程序

观察图 2-14 所示的"Hello World!"程序代码，可以看出，我们调用了 gr.Interface 接口。gr.Interface 接口可以为任何 Python 函数提供用户界面，初始化这个接口需要如下 3 个参数。

- fn：目标函数的名称（我们将要为该目标函数创建用户界面）。
- inputs：用于输入的组件（如"text" "image"或"audio"）。
- outputs：用于输出的组件（如"text" "image"或"label"）。

我们的"Hello World!"程序代码旨在为 greet 函数构建用户界面，输入和输出都是文本。greet 函数会在接收的 name 参数前添加 Hello，并在 name 参数后添加感叹号，然后直接输出，运行结果见图 2-15。

如图 2-16 所示，你可以将使用 Gradio 构建的应用直接部署到 Hugging Face Spaces 上，只需要在创建 Space 应用的时候将 SDK 设置为 Gradio 即可。

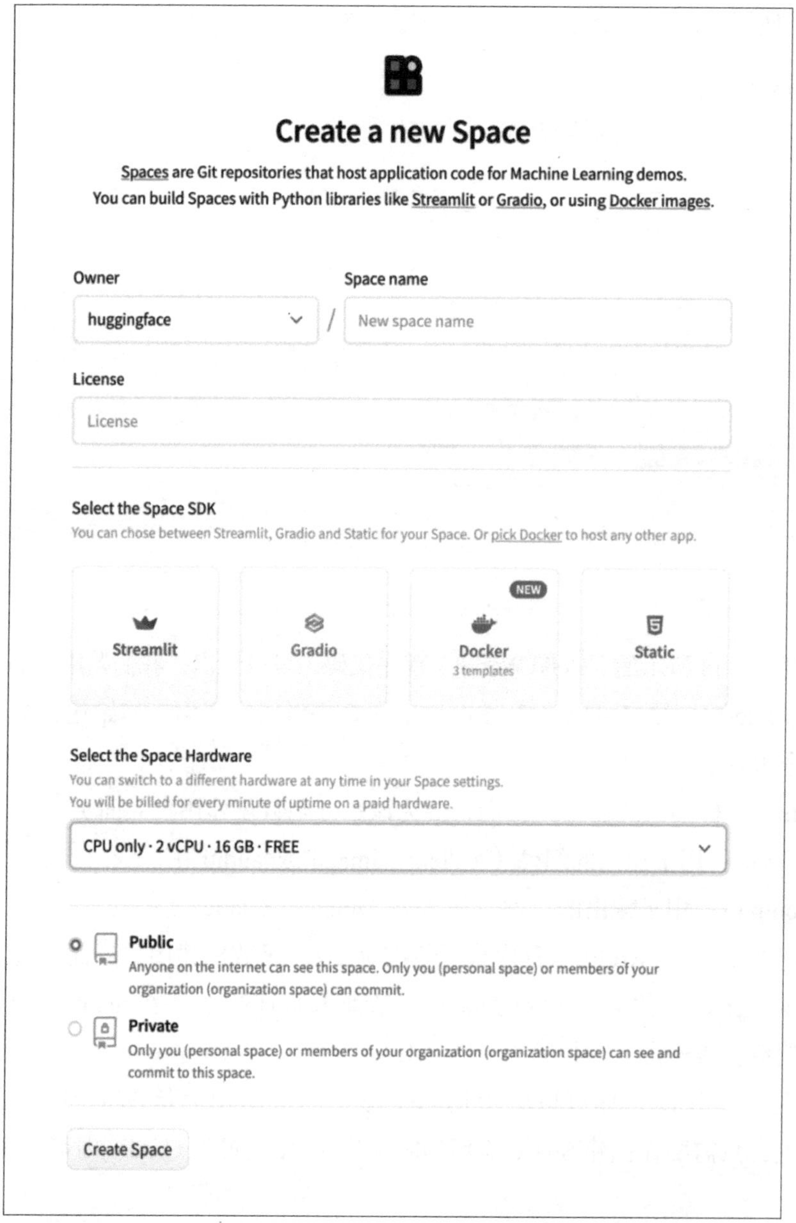

图 2-16　在 Hugging Face Hub 上创建一个 Space 应用

注意：使用 Gradio 需要 Python 3.7 或更高的 Python 版本，更多详细信息可通过访问 Gradio 官方网站查看。

第 3 章 从零开始搭建扩散模型

有时候，只考虑事情最简单的情况反而更有助于理解其工作原理。本章尝试从零开始搭建扩散模型，我们将从一个简单的扩散模型讲起，了解其不同部分的工作原理，并对比它们与更复杂的结构之间的不同。

首先，本章涵盖的知识点如下。

- 退化过程（向数据添加噪声）。
- 什么是UNet网络模型以及如何从零开始实现一个简单的UNet网络模型。
- 扩散模型的训练。
- 采样理论。

然后，本章将介绍我们所展示的模型版本与 Diffusers 库中 DDPM 版本实现过程的区别，涵盖的知识点如下。

- 小型UNet网络模型的改进方法。
- DDPM噪声计划。
- 训练目标的差异。
- 调节时间步。
- 采样方法。

值得注意的是，本书的大多数示例代码旨在说明与讲解，因此不建议直接将它们用在工作中（除非你只是为了学习而尝试改进本书展示的示例代码）。

3.1 环境准备

3.1.1 环境的创建与导入

在你的 Jupyter notebook 或 CoLab 环境中安装接下来需要用到的库，然后配置环境，代码如下：

```
!pip install -q diffusers

import torch
import torchvision
from torch import nn
from torch.nn import functional as F
from torch.utils.data import DataLoader
from diffusers import DDPMScheduler, UNet2DModel
from matplotlib import pyplot as plt

device = torch.device("cuda" if torch.cuda.is_available() else "cpu")
print(f'Using device: {device}')
```

3.1.2 数据集测试

我们将使用一个非常小的经典数据集 MNIST 来进行测试。如果想要在不改变其他内容的情况下给模型一个难度更大的挑战，可以使用 torchvision.dataset 中的 FashionMNIST 数据集代替 MNIST 数据集进行测试。

下面这段代码的功能是，下载训练用的数据集并给它配置一个数据加载器，然后把内容绘制出来，最后检查数据加载器中样本的形状与标签是否正确。

```
dataset = torchvision.datasets.MNIST(root="mnist/", train=True, download
    =True,transform=torchvision.transforms. ToTensor())
train_dataloader = DataLoader(dataset, batch_size=8,shuffle=True)
x, y = next(iter(train_dataloader))
print('Input shape:', x.shape)
print('Labels:', y)
plt.imshow(torchvision.utils.make_grid(x)[0], cmap='Greys');
```

MNIST 数据集中的每张图都是一个阿拉伯数字的 28×28 像素的灰度图，每个像素的取值区间是 [0,1]。

3.2 扩散模型之退化过程

如果你没有读过任何与扩散模型相关的论文，但知道在扩散过程中需要为内容加入噪声，应该怎么实现呢？

你可能想要通过一个简单的方法来控制内容损坏的程度。如果需要引入一个参数来控制输入的"噪声量"，那么我们可以在配置好的环境中输入如下代码：

```
noise = torch.rand_like(x)
noisy_x = (1-amount)*x + amount*noise
```

如果 amount = 0，则返回输入，不做任何更改；如果 amount = 1，我们将得到一个纯粹的噪声。通过这种方式，我们可以将输入内容与噪声混合，并把混合后的结果保持在相同的范围（0~1）。

我们可以很容易地做到这一点（但要注意张量的形状，以免受到广播机制不正确的影响），代码如下：

```
def corrupt(x, amount):
    """根据 amount 为输入 x 加入噪声，这就是退化过程"""
    noise = torch.rand_like(x)
    amount = amount.view(-1, 1, 1, 1) # 整理形状以保证广播机制不出错
    return x*(1-amount) + noise*amount
```

然后对输出的结果进行可视化，看看是否符合预期，代码如下：

```
# 绘制输入数据
fig, axs = plt.subplots(2, 1, figsize=(12, 5))
axs[0].set_title('Input data')
axs[0].imshow(torchvision.utils.make_grid(x)[0], cmap='Greys')

# 加入噪声
amount = torch.linspace(0, 1, x.shape[0]) # 从 0 到 1 → 退化更强烈了
noised_x = corrupt(x, amount)

# 绘制加噪版本的图像
axs[1].set_title('Corrupted data (-- amount increases -->)')
axs[1].imshow(torchvision.utils.make_grid(noised_x)[0], cmap='Greys');
```

根据输出的结果，我们发现，当噪声量接近 1 时，数据开始看起来像纯粹的随机噪声。但对于很大范围数值的噪声量来说，我们都可以很好地识别出数字。你认为这是最佳结果吗？

3.3 扩散模型之训练

3.3.1 UNet网络

在进行训练之前，我们需要一个模型，要求它能够接收 28×28 像素的噪声图像，并输出相同大小图片的预测结果。业界比较流行的选择是 UNet 网络，UNet 网络最初被用于完成医学图像中的分割任务[1]。UNet 网络由一条"下行路径"和一条"上行路径"组成。"下行路径"会压缩通过该路径的数据维度，而"上行路径"则会将数据扩展回原始维度（类似于自动编码器）。UNet 网络中的残差连接允许信息和梯度在不同层级之间流动。

有些 UNet 网络在每个阶段的设计中都包含复杂的模块，但在这里，我们仅构建一个非常简单的示例，它能够接收一个单通道图像，并使其通过下行路径的 3 个卷积层（参见图 3-1 与后面代码实现中的 down_layers）和上行路径的 3 个卷积层。下行层和上行层之间有残差连接，我们使用最大池化层进行下采样，并使用 nn.Upsample 模块进行上采样。某些更复杂的 UNet 网络还可能使用带有可学习参数的上采样层和下采样层。图 3-1 所示的 UNet 网络结构大致展示了每一层的输出通道数。

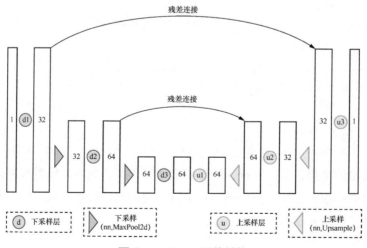

图 3-1　UNet 网络结构

1　详见 arxiv.org 网站。

代码如下:

```python
class BasicUNet(nn.Module):
    """一个十分简单的UNet网络部署"""
    def __init__(self, in_channels=1, out_channels=1):
        super().__init__()
        self.down_layers = torch.nn.ModuleList([
            nn.Conv2d(in_channels, 32, kernel_size=5, padding=2),
            nn.Conv2d(32, 64, kernel_size=5, padding=2),
            nn.Conv2d(64, 64, kernel_size=5, padding=2),
        ])                                  # 下行路径
        self.up_layers = torch.nn.ModuleList([
            nn.Conv2d(64, 64, kernel_size=5, padding=2),
            nn.Conv2d(64, 32, kernel_size=5, padding=2),
            nn.Conv2d(32, out_channels, kernel_size=5, padding=2),
        ])                                  # 上行路径
        self.act = nn.SiLU()                # 激活函数
        self.downscale = nn.MaxPool2d(2)
        self.upscale = nn.Upsample(scale_factor=2)

    def forward(self, x):
        h = []
        for i, l in enumerate(self.down_layers):
            x = self.act(l(x))       # 通过运算层与激活函数
            if i < 2:                # 选择下行路径的前两层
                h.append(x)          # 排列供残差连接使用的数据
                x = self.downscale(x)# 进行下采样以适配下一层的输入

        for i, l in enumerate(self.up_layers):
            if i > 0:                # 选择上行路径的后两层
                x = self.upscale(x)  # Upscale上采样
                x += h.pop()         # 得到之前排列好的供残差连接使用的数据
            x = self.act(l(x))       # 链接运算层与激活函数

        return x
```

验证输出结果的形状是否与输入的形状相同,代码如下:

```python
net = BasicUNet()
x = torch.rand(8, 1, 28, 28)
net(x).shape
```

代码输出内容如下:

```
torch.Size([8, 1, 28, 28])
```

根据以下代码的输出结果可知，我们所构建的 UNet 网络有 30 多万个参数。

```
sum([p.numel() for p in net.parameters()])
```

代码输出内容如下：

```
309057
```

你还可以尝试更改每一层中的通道数或者直接尝试不同的 UNet 网络结构设计。

3.3.2 开始训练模型

那么，扩散模型到底应该做什么呢？相信很多人对这个问题都有各种不同的看法，但对于这个演示，我们决定选择一个简单的框架。首先给定一个"带噪"（即加入了噪声）的输入 noisy_x，扩散模型应该输出其对原始输入 x 的最佳预测。我们需要通过均方误差对预测值与真实值进行比较。

现在我们可以尝试开始训练网络了，流程如下。

（1）获取一批数据。

（2）添加随机噪声。

（3）将数据输入模型。

（4）对模型预测与初始图像进行比较，计算损失更新模型的参数。

在训练过程中，你可以自由修改相关数据，看看怎样才能获得更好的结果。

配置好环境后，我们需要输入训练代码，代码如下：

```
# 数据加载器（你可以调整 batch_size）
batch_size = 128
train_dataloader = DataLoader(dataset, batch_size=batch_size,
    shuffle=True)

# 设置我们将在整个数据集上运行多少个周期
n_epochs = 3

# 创建网络
net = BasicUNet()
net.to(device)
```

```python
# 指定损失函数
loss_fn = nn.MSELoss()

# 指定优化器
opt = torch.optim.Adam(net.parameters(), lr=1e-3)

# 记录训练过程中的损失, 供后期查看
losses = []

# 训练
for epoch in range(n_epochs):
    for x, y in train_dataloader:
        # 得到数据并添加噪声
        x = x.to(device)                                    # 将数据加载到 GPU
        noise_amount = torch.rand(x.shape[0]).to(device)    # 随机选取
                                                            # 噪声量
        noisy_x = corrupt(x, noise_amount) # 创建 "带噪" 的输入 noisy_x

        # 得到模型的预测结果
        pred = net(noisy_x)

        # 计算损失函数
        loss = loss_fn(pred, x)

        # 反向传播并更新参数
        opt.zero_grad()
        loss.backward()
        opt.step()
        # 存储损失, 供后期查看
        losses.append(loss.item())

    # 输出在每个周期训练得到的损失的均值
    avg_loss = sum(losses[-len(train_dataloader):])/len(train_
        dataloader)
    print(f'Finished epoch {epoch}. Average loss for this epoch:
        {avg_loss:05f}')

# 查看损失曲线
plt.plot(losses)
plt.ylim(0, 0.1);
```

```
Finished epoch 0. Average loss for this epoch: 0.026736
Finished epoch 1. Average loss for this epoch: 0.020692
Finished epoch 2. Average loss for this epoch: 0.018887
```

图 3-2 给出了训练过程中的损失曲线。

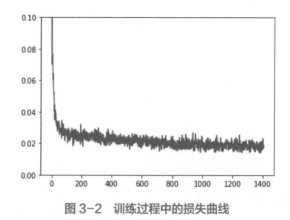

图 3-2　训练过程中的损失曲线

我们也可以尝试通过抓取一批数据来得到具有不同程度噪声的数据，然后将它们输入模型以获得预测并观察结果，代码如下：

```python
# 可视化模型在"带噪"输入上的表现
# 得到一些数据
x, y = next(iter(train_dataloader))
x = x[:8]  # 为了便于展示，只选取前 8 条数据

# 在（0，1）区间选择噪声量
amount = torch.linspace(0, 1, x.shape[0])  # 从 0 到 1→噪声更强了
noised_x = corrupt(x, amount)

# 得到模型的预测结果
with torch.no_grad():
    preds = net(noised_x.to(device)).detach().cpu()

# 绘图
fig, axs = plt.subplots(3, 1, figsize=(12, 7))
axs[0].set_title('Input data')
axs[0].imshow(torchvision.utils.make_grid(x)[0].clip(0, 1),
    cmap='Greys')
axs[1].set_title('Corrupted data')
axs[1].imshow(torchvision.utils.make_grid(noised_x)[0].clip(0, 1),
    cmap='Greys')
axs[2].set_title('Network Predictions')
axs[2].imshow(torchvision.utils.make_grid(preds)[0].clip(0, 1),
    cmap='Greys');
```

如图 3-3 所示，对于噪声量较低的输入，模型的预测结果相当不错。但是，对于噪声量很高的输入，模型能够获得的信息开始逐渐减少。而当 amount = 1 时，模型将输出一个模糊的预测，该预测很接近数据集的平均值。扩散模型正是通过这样的方式来预测原始输入的。

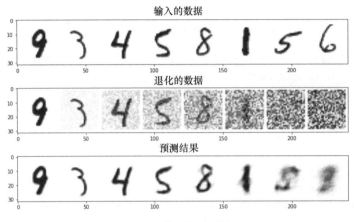

图 3-3　模型的预测结果

3.4　扩散模型之采样过程

3.4.1　采样过程

思考一下，如果扩散模型（后文简称模型）在高噪声量下的预测结果不是很好，那么应该如何进行优化呢？

如果我们从完全随机的噪声开始，就应该先检查一下模型的预测结果，然后只朝着预测方向移动一小部分，比如 20%。例如，假设我们有一幅夹杂了很多噪声的图像，其中可能隐藏了一些有关输入数据结构的提示，我们可以通过将它输入模型来获得新的预测结果。如果新的预测结果比上一次的预测结果稍微好一点（这一次的输入稍微减少了一些噪声），我们就可以根据这个新的、更好一点的预测结果继续往前迈出一步。代码如下：

采样策略：把采样过程拆解为 5 步，每次只前进一步

```python
n_steps = 5
x = torch.rand(8, 1, 28, 28).to(device) # 从完全随机的值开始
step_history = [x.detach().cpu()]
pred_output_history = []

for i in range(n_steps):
    with torch.no_grad():                           # 在推理时不需要考虑张量的导数
        pred = net(x)                               # 预测"去噪"后的图像
    pred_output_history.append(pred.detach().cpu())
                                                    # 将模型的输出保存下来,以便后续绘图时使用
    mix_factor = 1/(n_steps - i)                    # 设置朝着预测方向移动多少
    x = x*(1-mix_factor) + pred*mix_factor          # 移动过程
    step_history.append(x.detach().cpu())           # 记录每一次移动,以便后续
                                                    # 绘图时使用

fig, axs = plt.subplots(n_steps, 2, figsize=(9, 4), sharex=True)
axs[0,0].set_title('x (model input)')
axs[0,1].set_title('model prediction')
for i in range(n_steps):
    axs[i, 0].imshow(torchvision.utils.make_grid(step_history[i])
        [0].clip(0, 1), cmap='Greys')
    axs[i, 1].imshow(torchvision.utils.make_grid(pred_output_
        history[i])[0].clip(0, 1), cmap='Greys')
```

如果一切顺利,重复以上过程几次后,我们就能得到一幅全新的图像。观察图 3-4,左侧是每个阶段模型输入的可视化结果,右侧是预测的"去噪"(即去除噪声)后的图像。注意,即使模型在第 1 步就输出去除了一些噪声的图像,但也只是向最终目标前进了一点点。如此重复几次后,图像的轮廓开始逐渐出现并得到改善,直到获得最终结果为止。

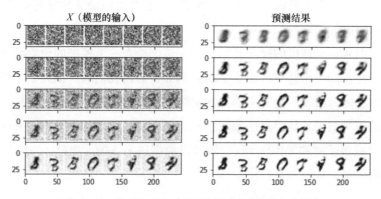

图 3-4　模型的输入(左图)和预测结果(右图)

当然，也可以将采样过程拆解成更多步，以获得质量更高的图像，代码如下：

```
# 将采样过程拆解成 40 步
n_steps = 40
x = torch.rand(64, 1, 28, 28).to(device)
for i in range(n_steps):
    noise_amount = torch.ones((x.shape[0],)).to(device) * (1-(i/n_
        steps)) # 噪声量从高到低
    with torch.no_grad():
        pred = net(x)
    mix_factor = 1/(n_steps - i)
    x = x*(1-mix_factor) + pred*mix_factor
fig, ax = plt.subplots(1, 1, figsize=(12, 12))
ax.imshow(torchvision.utils.make_grid(x.detach().cpu(), nrow=8)[
    0].clip(0, 1), cmap='Greys')
```

输出结果如图 3-5 所示。

图 3-5　输出结果

从图 3-5 中可以看出，输出结果不是很好，但是已经可以认出几个数字了。我们可以尝试训练更长时间（如 10 个或 20 个 epoch），并调整模型配置、学习率、优化器等。此外，如果想尝试难度稍微大一点的数据集（如 FashionMNIST 数据集），那么将程序开头加载 MNIST 数据集的那一行代码改成加载 FashionMNIST 数据集即可。

3.4.2 与DDPM的区别

下面我们将介绍所展示的模型版本与Diffusers库中DDPM版本实现过程的区别,知识点如下。

- UNet2DModel模型结构相比BasicUNet模型结构更先进。
- 退化过程的处理方式不同。
- 训练目标不同,旨在预测噪声而不是"去噪"的图像。
- UNet2DModel模型通过调节时间步来调节噪声量,t作为一个额外参数被传入前向过程。
- 有更多种类的采样策略可供选择,相比我们之前使用的简单版本更好。

自从DDPM论文问世以来,已经有人提出了许多改进建议,我们所创建的示例对于不同目标的设计与决策具有指导意义。你可能还需要深入了解论文"Elucidating the Design Space of Diffusion-Based Generative Models",这篇论文对使用到的组件进行了详细的探讨,并就如何获得最佳性能提出了一些新的建议。

如果你觉得这些内容过于深奥,请不要担心。你大可跳过本章的剩余部分,等到需要时再回过头来参考。

3.4.3 UNet2DModel模型

Diffusers库中的UNet2DModel模型相比前面介绍的BasicUNet模型做了如下改进。

- GroupNorm层对每个模块的输入进行了组标准化(group normalization)。
- Dropout层能使训练更平滑。
- 每个块有多个ResNet层(如果layers_per_block没有被设置成1)。
- 引入了注意力机制(通常仅用于输入分辨率较低的block)。
- 可以对时间步进行调节。
- 具有可学习参数的上采样模块和下采样模块。

下面我们来创建并仔细研究一下UNet2DModel模型,代码如下:

```
model = UNet2DModel(
    sample_size=28,              # 目标图像的分辨率
```

```
    in_channels=1,              # 输入图像的通道数，RGB 图像的通道数为 3
    out_channels=1,             # 输出图像的通道数
    layers_per_block=2,         # 设置要在每一个 UNet 块中使用多少个 ResNet 层
    block_out_channels=(32, 64, 64),  # 与 BasicUNet 模型的配置基本相同
    down_block_types=(
        "DownBlock2D",          # 标准的 ResNet 下采样模块
        "AttnDownBlock2D",      # 带有空域维度 self-att 的 ResNet 下采样模块
        "AttnDownBlock2D",
    ),
    up_block_types=(
        "AttnUpBlock2D",
        "AttnUpBlock2D",        # 带有空域维度 self-att 的 ResNet 上采样模块
        "UpBlock2D",            # 标准的 ResNet 上采样模块

    ),
)

# 输出模型结构（看起来虽然冗长，但非常清晰）
print(model)
```

输出的 UNet2DModel 结构如下：

```
UNet2DModel(
  (conv_in): Conv2d(1, 32, kernel_size=(3, 3), stride=(1, 1),
    padding=(1, 1))
  (time_proj): Timesteps()
  (time_embedding): TimestepEmbedding(
    (linear_1): Linear(in_features=32, out_features=128, bias=True)
    (act): SiLU()
    (linear_2): Linear(in_features=128, out_features=128,bias=True)
  )
  (down_blocks): ModuleList(
    (0): DownBlock2D(
      (resnets): ModuleList(
        (0): ResnetBlock2D(
          (norm1): GroupNorm(32, 32, eps=1e-05, affine=True)
          (conv1): Conv2d(32, 32, kernel_size=(3, 3), stride=(1,
            1), padding=(1, 1))
          (time_emb_proj): Linear(in_features=128, out_features=32,
            bias=True)
          (norm2): GroupNorm(32, 32, eps=1e-05, affine=True)
          (dropout): Dropout(p=0.0, inplace=False)
          (conv2): Conv2d(32, 32, kernel_size=(3, 3), stride=(1,
            1), padding=(1, 1))
```

```
          (nonlinearity): SiLU()
        )
        (1): ResnetBlock2D(
          (norm1): GroupNorm(32, 32, eps=1e-05, affine=True)
          (conv1): Conv2d(32, 32, kernel_size=(3, 3), stride=(1,
              1), padding=(1, 1))
          (time_emb_proj): Linear(in_features=128, out_features=32,
              bias=True)
          (norm2): GroupNorm(32, 32, eps=1e-05, affine=True)
          (dropout): Dropout(p=0.0, inplace=False)
          (conv2): Conv2d(32, 32, kernel_size=(3, 3), stride=(1,
              1), padding=(1, 1))
          (nonlinearity): SiLU()
        )
      )
      (downsamplers): ModuleList(
        (0): Downsample2D(
          (conv): Conv2d(32, 32, kernel_size=(3, 3), stride=(2, 2),
              padding=(1, 1))
        )
      )
    )
    (1): AttnDownBlock2D(
      (attentions): ModuleList(
        (0): AttentionBlock(
          (group_norm): GroupNorm(32, 64, eps=1e-05, affine=True)
          (query): Linear(in_features=64, out_features=64,
              bias=True)
          (key): Linear(in_features=64, out_features=64, bias=True)
          (value): Linear(in_features=64, out_features=64,
              bias=True)
          (proj_attn): Linear(in_features=64, out_features=64,
              bias=True)
        )
        (1): AttentionBlock(
          (group_norm): GroupNorm(32, 64, eps=1e-05, affine=True)
          (query): Linear(in_features=64, out_features=64,
              bias=True)
          (key): Linear(in_features=64, out_features=64, bias=True)
          (value): Linear(in_features=64, out_features=64,
              bias=True)
          (proj_attn): Linear(in_features=64, out_features=64,
              bias=True)
```

```
      )
    )
    (resnets): ModuleList(
      (0): ResnetBlock2D(
        (norm1): GroupNorm(32, 32, eps=1e-05, affine=True)
        (conv1): Conv2d(32, 64, kernel_size=(3, 3), stride=(1,
            1), padding=(1, 1))
        (time_emb_proj): Linear(in_features=128, out_features=64,
            bias=True)
        (norm2): GroupNorm(32, 64, eps=1e-05, affine=True)
        (dropout): Dropout(p=0.0, inplace=False)
        (conv2): Conv2d(64, 64, kernel_size=(3, 3), stride=(1,
            1), padding=(1, 1))
       (nonlinearity): SiLU()
        (conv_shortcut): Conv2d(32, 64, kernel_size=(1, 1),
            stride=(1, 1))
      )
      (1): ResnetBlock2D(
        (norm1): GroupNorm(32, 64, eps=1e-05, affine=True)
        (conv1): Conv2d(64, 64, kernel_size=(3, 3), stride=(1,
            1), padding=(1, 1))
        (time_emb_proj): Linear(in_features=128, out_features=64,
            bias=True)
        (norm2): GroupNorm(32, 64, eps=1e-05, affine=True)
        (dropout): Dropout(p=0.0, inplace=False)
        (conv2): Conv2d(64, 64, kernel_size=(3, 3), stride=(1,
            1), padding=(1, 1))
        (nonlinearity): SiLU()
      )
    )
    (downsamplers): ModuleList(
      (0): Downsample2D(
        (conv): Conv2d(64, 64, kernel_size=(3, 3), stride=(2, 2),
            padding=(1, 1))
      )
    )
  )
  (2): AttnDownBlock2D(
    (attentions): ModuleList(
      (0): AttentionBlock(
        (group_norm): GroupNorm(32, 64, eps=1e-05, affine=True)
        (query): Linear(in_features=64, out_features=64,
            bias=True)
```

```
              (key): Linear(in_features=64, out_features=64, bias=True)
              (value): Linear(in_features=64, out_features=64,
                  bias=True)
              (proj_attn): Linear(in_features=64, out_features=64,
                  bias=True)
          )
          (1): AttentionBlock(
              (group_norm): GroupNorm(32, 64, eps=1e-05, affine=True)
              (query): Linear(in_features=64, out_features=64,
                  bias=True)
              (key): Linear(in_features=64, out_features=64, bias=True)
              (value): Linear(in_features=64, out_features=64,
                  bias=True)
              (proj_attn): Linear(in_features=64, out_features=64,
                  bias=True)
          )
      )
      (resnets): ModuleList(
          (0): ResnetBlock2D(
              (norm1): GroupNorm(32, 64, eps=1e-05, affine=True)
              (conv1): Conv2d(64, 64, kernel_size=(3, 3), stride=(1,
                  1), padding=(1, 1))
              (time_emb_proj): Linear(in_features=128, out_features=64,
                  bias=True)
              (norm2): GroupNorm(32, 64, eps=1e-05, affine=True)
              (dropout): Dropout(p=0.0, inplace=False)
              (conv2): Conv2d(64, 64, kernel_size=(3, 3), stride=(1,
                  1), padding=(1, 1))
              (nonlinearity): SiLU()
          )
          (1): ResnetBlock2D(
              (norm1): GroupNorm(32, 64, eps=1e-05, affine=True)
              (conv1): Conv2d(64, 64, kernel_size=(3, 3), stride=(1,
                  1), padding=(1, 1))
              (time_emb_proj): Linear(in_features=128, out_features=64,
                  bias=True)
              (norm2): GroupNorm(32, 64, eps=1e-05, affine=True)
              (dropout): Dropout(p=0.0, inplace=False)
              (conv2): Conv2d(64, 64, kernel_size=(3, 3), stride=(1,
                  1), padding=(1, 1))
              (nonlinearity): SiLU()
          )
      )
```

```
      )
    )
    (up_blocks): ModuleList(
      (0): AttnUpBlock2D(
        (attentions): ModuleList(
          (0): AttentionBlock(
            (group_norm): GroupNorm(32, 64, eps=1e-05, affine=True)
            (query): Linear(in_features=64, out_features=64,
                bias=True)
            (key): Linear(in_features=64, out_features=64, bias=True)
            (value): Linear(in_features=64, out_features=64,
                bias=True)
            (proj_attn): Linear(in_features=64, out_features=64,
                bias=True)
          )
          (1): AttentionBlock(
            (group_norm): GroupNorm(32, 64, eps=1e-05, affine=True)
            (query): Linear(in_features=64, out_features=64,
                bias=True)
            (key): Linear(in_features=64, out_features=64, bias=True)
            (value): Linear(in_features=64, out_features=64,
                bias=True)
            (proj_attn): Linear(in_features=64, out_features=64,
                bias=True)
          )
          (2): AttentionBlock(
            (group_norm): GroupNorm(32, 64, eps=1e-05, affine=True)
            (query): Linear(in_features=64, out_features=64,
                bias=True)
            (key): Linear(in_features=64, out_features=64, bias=True)
            (value): Linear(in_features=64, out_features=64,
                bias=True)
            (proj_attn): Linear(in_features=64, out_features=64,
                bias=True)
          )
        )
        (resnets): ModuleList(
          (0): ResnetBlock2D(
            (norm1): GroupNorm(32, 128, eps=1e-05, affine=True)
            (conv1): Conv2d(128, 64, kernel_size=(3, 3), stride=(1,
                1), padding=(1, 1))
            (time_emb_proj): Linear(in_features=128, out_features=64,
                bias=True)
```

```
          (norm2): GroupNorm(32, 64, eps=1e-05, affine=True)
          (dropout): Dropout(p=0.0, inplace=False)
          (conv2): Conv2d(64, 64, kernel_size=(3, 3), stride=(1,
              1), padding=(1, 1))
      (nonlinearity): SiLU()
          (conv_shortcut): Conv2d(128, 64, kernel_size=(1, 1),
              stride=(1, 1))
      )
      (1): ResnetBlock2D(
          (norm1): GroupNorm(32, 128, eps=1e-05, affine=True)
          (conv1): Conv2d(128, 64, kernel_size=(3, 3), stride=(1,
              1), padding=(1, 1))
          (time_emb_proj): Linear(in_features=128, out_features=64,
              bias=True)
          (norm2): GroupNorm(32, 64, eps=1e-05, affine=True)
          (dropout): Dropout(p=0.0, inplace=False)
          (conv2): Conv2d(64, 64, kernel_size=(3, 3), stride=(1,
              1), padding=(1, 1))
      (nonlinearity): SiLU()
          (conv_shortcut): Conv2d(128, 64, kernel_size=(1, 1),
              stride=(1, 1))
      )
      (2): ResnetBlock2D(
          (norm1): GroupNorm(32, 128, eps=1e-05, affine=True)
          (conv1): Conv2d(128, 64, kernel_size=(3, 3), stride=(1,
              1), padding=(1, 1))
          (time_emb_proj): Linear(in_features=128, out_features=64,
              bias=True)
          (norm2): GroupNorm(32, 64, eps=1e-05, affine=True)
          (dropout): Dropout(p=0.0, inplace=False)
          (conv2): Conv2d(64, 64, kernel_size=(3, 3), stride=(1,
              1), padding=(1, 1))
          (nonlinearity): SiLU()
          (conv_shortcut): Conv2d(128, 64, kernel_size=(1, 1),
              stride=(1, 1))
      )
    )
    (upsamplers): ModuleList(
      (0): Upsample2D(
          (conv): Conv2d(64, 64, kernel_size=(3, 3), stride=(1, 1),
              padding=(1, 1))
      )
    )
```

```
    )
    (1): AttnUpBlock2D(
      (attentions): ModuleList(
        (0): AttentionBlock(
          (group_norm): GroupNorm(32, 64, eps=1e-05, affine=True)
          (query): Linear(in_features=64, out_features=64,
              bias=True)
          (key): Linear(in_features=64, out_features=64, bias=True)
          (value): Linear(in_features=64, out_features=64,
              bias=True)
          (proj_attn): Linear(in_features=64, out_features=64,
              bias=True)
        )
        (1): AttentionBlock(
          (group_norm): GroupNorm(32, 64, eps=1e-05, affine=True)
          (query): Linear(in_features=64, out_features=64,
              bias=True)
          (key): Linear(in_features=64, out_features=64, bias=True)
          (value): Linear(in_features=64, out_features=64,
              bias=True)
          (proj_attn): Linear(in_features=64, out_features=64,
              bias=True)
        )
        (2): AttentionBlock(
          (group_norm): GroupNorm(32, 64, eps=1e-05, affine=True)
          (query): Linear(in_features=64, out_features=64,
              bias=True)
          (key): Linear(in_features=64, out_features=64, bias=True)
          (value): Linear(in_features=64, out_features=64,
              bias=True)
          (proj_attn): Linear(in_features=64, out_features=64,
              bias=True)
        )
      )
      (resnets): ModuleList(
        (0): ResnetBlock2D(
          (norm1): GroupNorm(32, 128, eps=1e-05, affine=True)
          (conv1): Conv2d(128, 64, kernel_size=(3, 3), stride=(1,
              1), padding=(1, 1))
          (time_emb_proj): Linear(in_features=128, out_features=64,
              bias=True)
          (norm2): GroupNorm(32, 64, eps=1e-05, affine=True)
          (dropout): Dropout(p=0.0, inplace=False)
```

```
          (conv2): Conv2d(64, 64, kernel_size=(3, 3), stride=(1,
              1), padding=(1, 1))
          (nonlinearity): SiLU()
          (conv_shortcut): Conv2d(128, 64, kernel_size=(1, 1),
              stride=(1, 1))
        )
        (1): ResnetBlock2D(
          (norm1): GroupNorm(32, 128, eps=1e-05, affine=True)
          (conv1): Conv2d(128, 64, kernel_size=(3, 3), stride=(1,
              1), padding=(1, 1))
          (time_emb_proj): Linear(in_features=128, out_features=64,
              bias=True)
          (norm2): GroupNorm(32, 64, eps=1e-05, affine=True)
          (dropout): Dropout(p=0.0, inplace=False)
          (conv2): Conv2d(64, 64, kernel_size=(3, 3), stride=(1,
              1), padding=(1, 1))
          (nonlinearity): SiLU()
          (conv_shortcut): Conv2d(128, 64, kernel_size=(1, 1),
              stride=(1, 1))
        )
        (2): ResnetBlock2D(
          (norm1): GroupNorm(32, 96, eps=1e-05, affine=True)
          (conv1): Conv2d(96, 64, kernel_size=(3, 3), stride=(1,
              1), padding=(1, 1))
          (time_emb_proj): Linear(in_features=128, out_features=64,
              bias=True)
          (norm2): GroupNorm(32, 64, eps=1e-05, affine=True)
          (dropout): Dropout(p=0.0, inplace=False)
          (conv2): Conv2d(64, 64, kernel_size=(3, 3), stride=(1,
              1), padding=(1, 1))
          (nonlinearity): SiLU()
          (conv_shortcut): Conv2d(96, 64, kernel_size=(1, 1),
              stride=(1, 1))
        )
      )
      (upsamplers): ModuleList(
        (0): Upsample2D(
          (conv): Conv2d(64, 64, kernel_size=(3, 3), stride=(1, 1),
              padding=(1, 1))
        )
      )
    )
    (2): UpBlock2D(
```

```
(resnets): ModuleList(
  (0): ResnetBlock2D(
    (norm1): GroupNorm(32, 96, eps=1e-05, affine=True)
    (conv1): Conv2d(96, 32, kernel_size=(3, 3), stride=(1,
        1), padding=(1, 1))
    (time_emb_proj): Linear(in_features=128, out_features=32,
        bias=True)
    (norm2): GroupNorm(32, 32, eps=1e-05, affine=True)
    (dropout): Dropout(p=0.0, inplace=False)
    (conv2): Conv2d(32, 32, kernel_size=(3, 3), stride=(1,
        1), padding=(1, 1))
    (nonlinearity): SiLU()
    (conv_shortcut): Conv2d(96, 32, kernel_size=(1, 1),
        stride=(1, 1))
  )
  (1): ResnetBlock2D(
    (norm1): GroupNorm(32, 64, eps=1e-05, affine=True)
    (conv1): Conv2d(64, 32, kernel_size=(3, 3), stride=(1,
        1), padding=(1, 1))
    (time_emb_proj): Linear(in_features=128, out_features=32,
        bias=True)
    (norm2): GroupNorm(32, 32, eps=1e-05, affine=True)
    (dropout): Dropout(p=0.0, inplace=False)
    (conv2): Conv2d(32, 32, kernel_size=(3, 3), stride=(1,
        1), padding=(1, 1))
    (nonlinearity): SiLU()
    (conv_shortcut): Conv2d(64, 32, kernel_size=(1, 1),
        stride=(1, 1))
  )
  (2): ResnetBlock2D(
    (norm1): GroupNorm(32, 64, eps=1e-05, affine=True)
    (conv1): Conv2d(64, 32, kernel_size=(3, 3), stride=(1,
        1), padding=(1, 1))
    (time_emb_proj): Linear(in_features=128, out_features=32,
        bias=True)
    (norm2): GroupNorm(32, 32, eps=1e-05, affine=True)
    (dropout): Dropout(p=0.0, inplace=False)
    (conv2): Conv2d(32, 32, kernel_size=(3, 3), stride=(1,
        1), padding=(1, 1))
    (nonlinearity): SiLU()
    (conv_shortcut): Conv2d(64, 32, kernel_size=(1, 1),
        stride=(1, 1))
  )
```

```
        )
      )
    )
    (mid_block): UNetMidBlock2D(
      (attentions): ModuleList(
        (0): AttentionBlock(
          (group_norm): GroupNorm(32, 64, eps=1e-05, affine=True)
          (query): Linear(in_features=64, out_features=64, bias=True)
          (key): Linear(in_features=64, out_features=64, bias=True)
          (value): Linear(in_features=64, out_features=64, bias=True)
          (proj_attn): Linear(in_features=64, out_features=64,
             bias=True)
        )
      )
      (resnets): ModuleList(
        (0): ResnetBlock2D(
          (norm1): GroupNorm(32, 64, eps=1e-05, affine=True)
          (conv1): Conv2d(64, 64, kernel_size=(3, 3), stride=(1, 1),
             padding=(1, 1))
          (time_emb_proj): Linear(in_features=128, out_features=64,
             bias=True)
          (norm2): GroupNorm(32, 64, eps=1e-05, affine=True)
          (dropout): Dropout(p=0.0, inplace=False)
          (conv2): Conv2d(64, 64, kernel_size=(3, 3), stride=(1, 1),
             padding=(1, 1))
          (nonlinearity): SiLU()
        )
        (1): ResnetBlock2D(
          (norm1): GroupNorm(32, 64, eps=1e-05, affine=True)
          (conv1): Conv2d(64, 64, kernel_size=(3, 3), stride=(1, 1),
             padding=(1, 1))
          (time_emb_proj): Linear(in_features=128, out_features=64,
             bias=True)
          (norm2): GroupNorm(32, 64, eps=1e-05, affine=True)
          (dropout): Dropout(p=0.0, inplace=False)
          (conv2): Conv2d(64, 64, kernel_size=(3, 3), stride=(1, 1),
             padding=(1, 1))
          (nonlinearity): SiLU()
        )
      )
    )
    (conv_norm_out): GroupNorm(32, 32, eps=1e-05, affine=True)
    (conv_act): SiLU()
```

```
    (conv_out): Conv2d(32, 1, kernel_size=(3, 3), stride=(1, 1),
        padding=(1, 1))
)
```

正如你所看到的那样,UNet2DModel 模型的参数量要比 BasicUNet 模型大得多。

```
sum([p.numel() for p in model.parameters()])
# UNet2DModel 模型使用了大约 170 万个参数,BasicUNet 模型则使用了 30 多万个参数
```

代码输出内容如下:

```
1707009
```

使用 UNet2DModel 模型代替 BasicUNet 模型,重复前面展示的训练过程。为此,我们需要将原始图像和时间步输入进去(这里传递 $t = 0$,以表明模型是在没有时间步的情况下工作的,同时需要保持采样代码足够简单、清晰。你也可以尝试输入 "amount × 1000",以使时间步与噪声水平相当)。

然后只需要替换代码中定义 BasicUNet 模型的部分,就可以使用 UNet2DModel 模型来进行训练了,代码如下:

```
# 尝试使用 UNet2DModel 模型替代 BasicUNet 模型

# 创建网络
net = UNet2DModel(
    sample_size=28,
    in_channels=1,
    out_channels=1,
    layers_per_block=2,
    block_out_channels=(32, 64, 64),
    down_block_types=(
        "DownBlock2D",
        "AttnDownBlock2D",
        "AttnDownBlock2D",
    ),
    up_block_types=(
        "AttnUpBlock2D",
        "AttnUpBlock2D",
        "UpBlock2D",
    ),
)
```

```
net.to(device)

… 与之前展示的冗长但清晰的代码相同,这里不再列出

# 采样
n_steps = 40
x = torch.rand(64, 1, 28, 28).to(device)
for i in range(n_steps):
    noise_amount = torch.ones((x.shape[0], )).to(device) * (1-(i/n_
        steps))
    with torch.no_grad():
        pred = net(x, 0).sample
    mix_factor = 1/(n_steps - i)
    x = x*(1-mix_factor) + pred*mix_factor

axs[1].imshow(torchvision.utils.make_grid(x.detach().cpu(),
    nrow=8)[0].clip(0, 1), cmap='Greys')
axs[1].set_title('Generated Samples');
```

```
Finished epoch 0. Average loss for this epoch: 0.018925
Finished epoch 1. Average loss for this epoch: 0.012785
Finished epoch 2. Average loss for this epoch: 0.011694
```

损失曲线与生成的样本如图3-6所示。这组结果看起来比第一组结果好多了。你也可以尝试调整 UNet2DModel 模型的参数配置或进行更长时间的训练,以得到更好的输出结果。

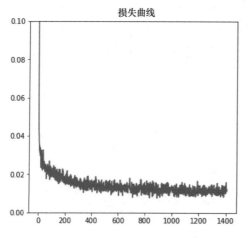
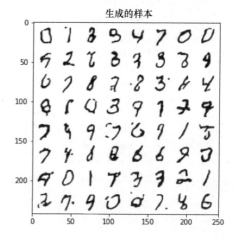

图3-6 损失曲线(左图)与生成的样本(右图)

3.5 扩散模型之退化过程示例

3.5.1 退化过程

DDPM 论文描述了一个在每个时间步都为输入图像添加少量噪声的退化过程。如果在某个时间步给定 x_{t-1}，就可以得到一个噪声稍微增强的 x_t：

$$q(x_t \mid x_{t-1}) = \mathcal{N}\left(x_t; \sqrt{1-\beta_t}\, x_{t-1}, \beta_t I\right) \quad q(x_{1:T} \mid x_0) = \prod_{t=1}^{T} q(x_t \mid x_{t-1})$$

你可以这样理解，取 x_{t-1}，给它一个系数 $\sqrt{1-\beta_t}$，然后将其与一个带有系数 β_t 的噪声相加。其中，β 是我们根据调度器为每个时刻设定的参数，用于决定在每个时间步添加的噪声量。我们并不想通过把这个推演重复 500 次来得到 x_{500}，而是希望利用另一个公式，根据给出的 x_0 计算得到任意时刻 t 的 x_t：

$$q(x_t \mid x_0) = \mathcal{N}\left(x_t; \sqrt{\bar{\alpha}_t}\, x_0, (1-\bar{\alpha}_t) I\right); \quad \text{其中}\ \bar{\alpha}_t = \prod_{i=1}^{T} \alpha_i,\ \alpha_i = 1 - \beta_i$$

数学符号看起来总是很吓人。幸运的是，调度器能为我们处理所有这些流程（在本节的代码中，你可以尝试代码：# noise_scheduler.add_noise）。我们可以画出 $\sqrt{\bar{\alpha}_t}$（标记为 sqrt_alpha_prod）和 $\sqrt{(1-\bar{\alpha}_t)}$（标记为 sqrt_one_minus_alpha_prod）的趋势图，看一看输入与噪声是如何在不同迭代周期中量化和叠加的，代码如下：

```
noise_scheduler = DDPMScheduler(num_train_timesteps=1000)
plt.plot(noise_scheduler.alphas_cumprod.cpu() ** 0.5, label=r"${
    \sqrt{\bar{\alpha}_t}}$")
plt.plot((1 - noise_scheduler.alphas_cumprod.cpu()) ** 0.5,
    label=r"$\sqrt{(1 - \bar{\alpha}_t)}$")
plt.legend(fontsize="x-large");
```

如图 3-7 所示，一开始，输入 X 中的绝大部分是输入 X 本身的值（sqrt_alpha_prod≈1），但是随着时间的推移，输入 X 的成分逐渐降低，而噪声的成分逐渐增加。

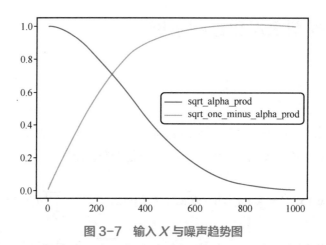

图 3-7　输入 X 与噪声趋势图

与根据 amount 对输入 X 和噪声进行线性混合不同，这个噪声的增加速度相对较快。我们可以在一些数据上看到这一点，代码如下：

```
# 可视化：DDPM 加噪过程中的不同时间步
# 对一批图片加噪，看看效果
fig, axs = plt.subplots(3, 1, figsize=(16, 10))
xb, yb = next(iter(train_dataloader))
xb = xb.to(device)[:8]
xb = xb * 2. - 1. # 映射到 (-1,1)
print('X shape', xb.shape)

# 展示干净的原始输入
axs[0].imshow(torchvision.utils.make_grid(xb[:8])[0].detach().
   cpu(), cmap='Greys')
axs[0].set_title('Clean X')

# 使用调度器加噪
timesteps = torch.linspace(0, 999, 8).long().to(device)
noise = torch.randn_like(xb) # << 注意是使用 randn 而不是 rand
noisy_xb = noise_scheduler.add_noise(xb, noise, timesteps)
print('Noisy X shape', noisy_xb.shape)

# 展示"带噪"版本（使用或不使用截断函数 clipping）
axs[1].imshow(torchvision.utils.make_grid(noisy_xb[:8])[0].
   detach().cpu().clip(-1, 1), cmap='Greys')
axs[1].set_title('Noisy X (clipped to (-1, 1))')
axs[2].imshow(torchvision.utils.make_grid(noisy_xb[:8])[0].
   detach().cpu(), cmap='Greys')axs[2].set_title('Noisy X');
```

```
X shape torch.Size([8, 1, 28, 28])
Noisy X shape torch.Size([8, 1, 28, 28])
```

上述代码的输出结果如图 3-8 所示。

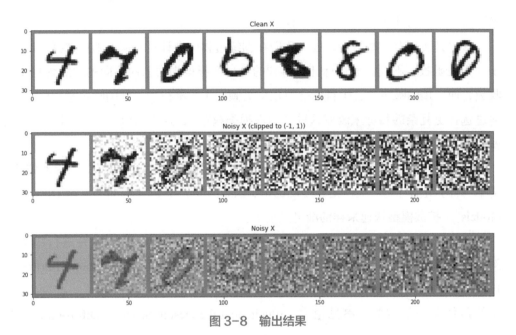

图 3-8　输出结果

在实际运行中，你还会发现另一个变化。在 DDPM 版本中，加入的噪声取自一个高斯分布（来自均值为 0、方差为 1 的 torch.randn 函数），而非取自我们在原始退化函数中使用的从 0 到 1 的均匀分布（来自 torch.rand 函数）。当然，对训练数据进行正则化也可以理解。在后续章节中，你会看到归一化函数 normalize(0.5,0.5) 在变化列表中把图片数据从（0,1）映射到（-1,1），这对我们的使用目的来说"足够了"。在图 3-8 中，为了更好地展示，我们采用了这种做法。

3.5.2　最终的训练目标

在我们的示例中，我们尝试让模型预测"去噪"后的图像。在 DDPM 和许多其他扩散模型的实现中，模型会预测退化过程中使用的噪声（预测的是不带缩放系数的噪声，也就是单位正态分布的噪声）。代码如下：

```
noise = torch.randn_like(xb) # << 注意是使用 randn 而不是 rand
```

```
noisy_x = noise_scheduler.add_noise(x, noise, timesteps)
model_prediction = model(noisy_x, timesteps).sample
loss = mse_loss(model_prediction, noise)  # 预测结果与噪声
```

你可能认为预测噪声（从中可以得出"去噪"图像的样子）等同于直接预测"去噪"图像。但为什么要这么做呢？难道仅仅是为了数学上的方便吗？

这里其实还有一些精妙之处。我们在训练过程中会计算不同（随机选择）时间步的损失函数，不同任务目标计算得到的结果会根据损失值向不同的"隐含权重"收敛，而"预测噪声"这个目标会使权重更倾向于预测得到更低的噪声量。你可以通过选择更复杂的目标来改变这种"隐性损失权重"，这样你所选择的噪声调度器就能够直接在较高的噪声量下产生更多的样本。

你也可以把模型设计成预测"velocity"，我们将其定义为同时受图像和噪声量影响的组合〔参见论文"Progressive Distillation for Fast Sampling of Diffusion Models"（扩散模型快速采样的渐进蒸馏）〕。

你还可以将模型设计成预测噪声，但需要基于一些参数对损失进行缩放。例如，一些研究指出，可以使用噪声量参数〔参见论文"Perception Prioritized Training of Diffusion Models"（扩散模型的感知优先训练）〕或者基于一些探索添加的最佳噪声量实验〔参见论文"Elucidating the Design Space of Diffusion-Based Generative Models"（基于扩散的生成模型的设计空间说明）〕。

综上所述，选择任务目标对模型性能有影响，许多研究人员也正在探索模型的"最佳"选项。虽然预测噪声是当前最流行的方法，但随着时间的推移，我们很有可能看到库中支持的其他任务目标，它们可以在不同的情况下调整并使用。

3.6 拓展知识

3.6.1 时间步的调节

UNet2DModel 模型以图片和时间步为输入。其中，时间步可转换为嵌入（embedding），然后在多个地方被输入模型。

背后的理论支持是：通过向模型提供有关噪声量的信息，模型可以更好地执行

任务。虽然在没有时间步的情况下也可以训练模型，但在某些情况下，时间步的确有助于模型性能的提升。目前来看，绝大多数模型的实现都使用了时间步。

3.6.2 采样(取样)的关键问题

假设一个模型可以用来预测"带噪"样本中的噪声（或者说能预测其"去噪"版本），那么我们怎么用它来生成图像呢？

我们可以输入纯噪声，然后期待模型能一步就输出一幅不带噪声的图像。但是根据前面我们所学的内容，这显然行不通。所以我们应该在模型预测的基础上使用足够多的小步，不断迭代，每次去除一点点噪声。

具体怎么走完这些小步取决于上面的采样方法。我们不会深入讨论太多的理论细节，但是你需要思考如下3个问题。

（1）你每一步想走多远？也就是说，你制定什么样的"噪声计划"？

（2）你只使用模型当前步的预测结果指导下一步的更新方向吗（采用DDPM、DDIM或其他什么方式）？你是否想要使用模型多预测几次，以通过估计一个更高阶的梯度来更新得到更准确的结果（更高阶的方法和一些离散ODE处理器）？抑或保留一些历史的预测值来尝试指导当前步的更新（线性多步或遗传采样器）？

（3）你是否会在采样过程中额外添加一些随机噪声或完全确定的噪声？许多采样器通过提供参数（如DDIM中的'eta'）来让用户做出选择。

对扩散模型采样器的研究进展迅速，业界已经开发出越来越多可以使用更少步骤就能找到好结果的方法。你可能会在浏览Diffusers库中不同的部署方法时感到非常有意思，相关网站上也经常会有一些精彩的文章。

3.7 本章小结

通过本章的学习，我们希望可以帮助你从一些不同的角度审视扩散模型。本章根据Jonathan Whitaker为Hugging Face开发的课程改编而成，同时Jonathan Whitaker也有自己的课程"The Generative Landscape"（风景的生成）。如果你对从噪声和约束分类中生成样本的示例感兴趣，或者发现了一些问题和bug，不妨通过Discord与我们进行交流。

第 4 章 Diffusers 实战

在本章中，我们将教会你训练自己的扩散模型，以生成绚丽多彩的蝴蝶图像。在此过程中，你将掌握 Diffusers 库的相关知识，为进行更高阶的运用奠定坚实基础。

本章涵盖的知识点如下。

- 学习如何使用一个功能强大的自定义扩散模型管线（pipeline），并了解如何独立制作一个新版本。
- 通过以下方式创建自己的迷你管线。
  - 复习扩散模型的核心概念。
  - 从 Hugging Face Hub 中加载数据以进行训练。
  - 探索如何使用调度器将噪声添加到数据中。
  - 创建并训练一个 UNet 网络模型。
  - 将各个模块组合在一起，形成一个工作管线（working pipeline）。
- 编写并执行一段代码，以初始化一个时间较长的训练过程，这段代码涉及以下处理环节。
  - 使用 Accelerate 库调用多个 GPU 以加快模型的训练过程。
  - 记录并查阅实验日志以跟踪关键统计数据。
  - 将最终模型上传到 Hugging Face Hub。

4.1 环境准备

4.1.1 安装 Diffusers 库

首先运行以下代码，安装包括 Diffusers 库在内的第三方库：

```
%pip install -qq -U diffusers datasets transformers accelerate ftfy
```

```
pyarrow
```

然后访问 https://huggingface.co/settings/tokens，创建具有写权限的访问令牌，界面如图 4-1 所示。

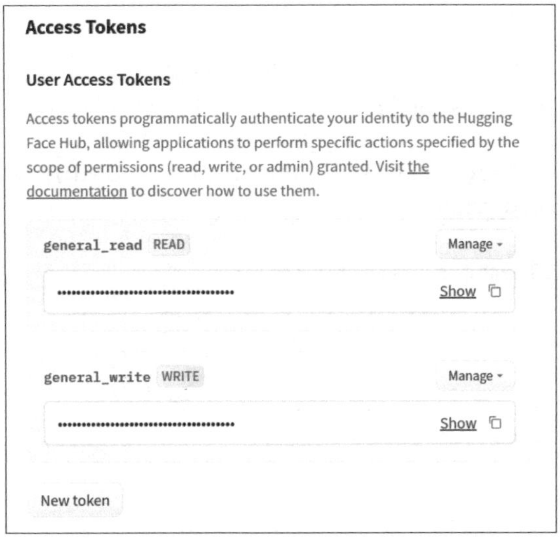

图 4-1 创建访问令牌

你可以通过命令行使用创建的访问令牌来登录（huggingface-cli login），也可以通过运行以下代码来登录：

```
from huggingface_hub import notebook_login

notebook_login()

Login successful
Your token has been saved to /root/.huggingface/token
```

接下来，你需要安装 Git LFS 以上传模型检查点，代码如下：

```
%%capture
!sudo apt -qq install git-lfs
!git config --global credential.helper store
```

最后，导入将要使用的库并定义一些简单的支持函数，稍后我们将在 Notebook 中使用这些支持函数，代码如下：

```
import numpy as np
```

```python
import torch
import torch.nn.functional as F
from matplotlib import pyplot as plt
from PIL import Image

def show_images(x):
    """给定一批图像,创建一个网格并将其转换为 PIL"""
    x = x * 0.5 + 0.5  # 将 (-1, 1) 区间映射回 (0, 1) 区间
    grid = torchvision.utils.make_grid(x)
    grid_im = grid.detach().cpu().permute(1, 2, 0).clip(0, 1) * 255
    grid_im = Image.fromarray(np.array(grid_im).astype(np.uint8))
    return grid_im

def make_grid(images, size=64):
    """给定一个 PIL 图像列表,将它们叠加成一行以便查看"""
    output_im = Image.new("RGB", (size * len(images), size))
    for i, im in enumerate(images):
        output_im.paste(im.resize((size, size)), (i * size, 0))
    return output_im

# 对于 Mac,可能需要设置成 device = 'mps'(未经测试)
device = torch.device("cuda" if torch.cuda.is_available() else "cpu")
```

好了,一切准备就绪,我们开始进行有趣的模型训练。

4.1.2 DreamBooth

如果你关注过与人工智能相关的社交媒体,那么一定听说过"稳定扩散模型"。这是一个功能强大的图像生成模型,但它也有局限性:除非我们足够知名,以致互联网上包含大量我们的照片,否则它无法识别出你我长什么样。

然而,DreamBooth 能让我们对稳定扩散模型进行微调,并在整个过程中引入特定的面部、物体或风格的额外信息。Corridor Crew 制作了一个很棒的视频,展示了如何利用连贯的人物形象来讲述故事,这个视频很好地诠释了这项技术的潜力,网址如下:

https://www.bilibili.com/video/BV18o4y1c7R7/?vd_source=c5a5204620e35330e6145843f4df6ea4

这个视频中使用的模型可在 Hugging Face 网站上找到。在训练过程中,该模型仅仅使用了知名儿童玩具"Mr. Potato Head"(土豆先生)的 5 张照片。

首先让我们加载这个管线，代码如下：

```
from diffusers import StableDiffusionPipeline

# https://huggingface.co/sd-dreambooth-library，这里有来自社区的各种模型
model_id = "sd-dreambooth-library/mr-potato-head"

# 加载管线
pipe = StableDiffusionPipeline.from_pretrained(model_id, torch_
    dtype=torch.float16).to(device)
```

以上代码会自动从 Hugging Face Hub 下载模型权重等需要的文件。我们的示例需要下载多达吉字节的数据，所以如果你不想等待，可以直接跳过，只欣赏示例输出即可。

管线加载完之后，使用以下代码即可生成示例图像：

```
prompt = "an abstract oil painting of sks mr potato head by picasso"
image = pipe(prompt, num_inference_steps=50, guidance_scale=7.5).
    images[0]
image
```

生成的示例图像如图 4-2 所示。

图 4-2　DreamBooth 生成的示例图像

练习 4-1: 你可以使用不同的提示语进行尝试。在这个示例中，sks 是新引入的唯一标识符（Unique IDentifier，UID），你也可以尝试将其留空，看看会产生什

么样的结果。你还可以尝试调整参数 num_inference_steps 和 guidance_scale。num_inference_steps 代表采样步骤的数量（你可以尝试设定不同的值来观察效果如何），guidance_scale 则决定模型的输出与提示语之间的匹配程度。通过调整这两个参数，你可以进一步探索模型的行为和性能。

在这个管线中确实发生了许多复杂而神奇的事情。等阅读完本书后，你将会对整个过程的运作方式有更清晰的了解。现在，我们先探讨如何从零开始训练扩散模型吧。

4.1.3　Diffusers 核心 API

Diffusers 核心 API 主要分为三部分。
- 管线：从高层次设计的多种类函数，旨在便于部署的方式实现，能够快速地利用预训练好的主流扩散模型来生成样本。
- 模型：在训练新的扩散模型时需要用到的网络结构，如UNet网络模型。
- 调度器：在推理过程中使用多种不同的技巧来从噪声中生成图像，同时也可以生成训练过程中所需的"带噪"图像。

对于终端用户来说，能使用预设好的管线就已经相当出色了。但是，既然你已经选择了本书，我们猜想你可能想要深入了解其中的原理。等本章结束后，你将学会如何构建一个属于自己的管线，用于生成美丽的蝴蝶图像，代码如下：

```
from diffusers import DDPMPipeline

# 加载预设好的管线
butterfly_pipeline = DDPMPipeline.from_pretrained("johnowhitaker/
                     ddpm-butterflies-32px").to(device)

# 生成8张图片
images = butterfly_pipeline(batch_size=8).images

# 输出图片
make_grid(images)
```

生成的蝴蝶图像如图 4-3 所示。

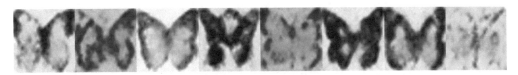

图4-3 生成的蝴蝶图像

尽管看起来可能不如 DreamBooth 展示的示例图片那么惊艳,但请注意,在我们训练时,使用的数据不超过训练稳定扩散模型所需数据的 1%。

到目前为止,训练扩散模型的流程如下。

(1)从训练集中加载图像。
(2)添加不同级别的噪声。
(3)将添加了不同级别噪声的数据输入模型。
(4)评估模型对这些输入去噪的效果。
(5)使用得到的性能信息更新模型权重,然后重复上述步骤。

在接下来的几章中,我们将逐步完成上述步骤,直至训练循环能够完整地运行。之后,我们将探讨如何使用训练好的模型生成样本,并学习如何将模型封装到管线中,从而轻松地分享给他人。下面就让我们从数据开始着手吧!

4.2 实战:生成美丽的蝴蝶图像

4.2.1 下载蝴蝶图像集

在接下来的示例中,我们将加载一个来自 Hugging Face Hub 的包含 1000 幅蝴蝶图像的数据集。请注意,这是一个相对较小的数据集。在下面的代码中,我们注释掉了若干行代码,这些代码针对的是更大规模的数据集。你也可以借鉴这些被注释掉的代码,为自己的图像集指定一条特定的路径,从而加载图像数据。

```python
import torchvision
from datasets import load_dataset
from torchvision import transforms

dataset = load_dataset("huggan/smithsonian_butterflies_subset",
    split="train")
```

```python
# 也可以从本地文件夹中加载图像
# dataset = load_dataset("imagefolder", data_dir="path/to/folder")

# 我们将在32×32像素的正方形图像上进行训练，但你也可以尝试更大尺寸的图像
image_size = 32
# 如果GPU内存不足，你可以减小batch_size
batch_size = 64

# 定义数据增强过程
preprocess = transforms.Compose(
    [
        transforms.Resize((image_size, image_size)),  # 调整大小
        transforms.RandomHorizontalFlip(),            # 随机翻转
        transforms.ToTensor(),                        # 将张量映射到(0,1)区间
        transforms.Normalize([0.5], [0.5]),  # 映射到(-1, 1)区间
    ]
)

def transform(examples):
    images = [preprocess(image.convert("RGB")) for image in
        examples["image"]]
    return {"images": images}

dataset.set_transform(transform)

# 创建一个数据加载器，用于批量提供经过变换的图像
train_dataloader = torch.utils.data.DataLoader(
    dataset, batch_size=batch_size, shuffle=True
)
```

我们可以从中取出一批图像数据并进行可视化，代码如下：

```python
xb = next(iter(train_dataloader))["images"].to(device)[:8]
print("X shape:", xb.shape)
show_images(xb).resize((8 * 64, 64), resample=Image.NEAREST)
```

上述代码的输出结果如下：

```
X shape: torch.Size ([8, 3, 32, 32])
```

蝴蝶图像的可视化输出效果如图4-4所示。

图 4-4 蝴蝶图像的可视化输出效果

在本示例中,我们使用的是一个图像尺寸为 32×32 像素的较小数据集,目的就是确保训练时间在可接受的范围内。

4.2.2 扩散模型之调度器

在训练扩散模型的过程中,我们需要获取这些输入图像并为它们添加噪声,然后将"带噪"的图像输入模型。在推理阶段,我们将使用模型的预测结果逐步消除这些噪声。在扩散模型中,这两个步骤是由调度器(scheduler)处理的。

噪声调度器能够确定在不同迭代周期分别添加多少噪声。接下来,我们将学习如何使用 DDPM 训练和采样的默认设置来创建调度程序(基于论文"Denoising Diffusion Probabilistic Models"),代码如下:

```
from diffusers import DDPMScheduler
noise_scheduler = DDPMScheduler(num_train_timesteps=1000)
```

练习 4-2: 我们可以通过设置 beta_start、beta_end 和 beta_schedule 3 个参数来控制噪声调度器的超参数 beta(DDPM 调度器的相关原理和公式可以参照 3.5.1 节的内容),beta_start 为控制推理阶段开始时 beta 的值,beta_end 为控制 beta 的最终值,beta_schedule 则可以通过一个函数映射来为模型推理的每一步生成一个 beta 值。请从以下两个被注释掉的调度器代码中选择一个,探索一下使用不同的参数值时曲线是如何变化的。

```
# 仅添加了少量噪声
# noise_scheduler = DDPMScheduler(num_train_timesteps=1000, beta_
# start=0.001, beta_end=0.004)
# 'cosine' 调度方式,这种方式可能更适合尺寸较小的图像
# noise_scheduler = DDPMScheduler(num_train_timesteps=1000,
# beta_schedule='squaredcos_cap_v2')
```

无论选择哪个调度器,我们现在都可以使用 noise_scheduler.add_noise 为图片添

加不同程度的噪声，代码如下：

```
timesteps = torch.linspace(0, 999, 8).long().to(device)
noise = torch.randn_like(xb)
noisy_xb = noise_scheduler.add_noise(xb, noise, timesteps)
print("Noisy X shape", noisy_xb.shape)
show_images(noisy_xb).resize((8 * 64, 64), resample=Image.NEAREST)
```

代码输出内容如下：

```
Noisy X shape torch.Size ([8, 3, 32, 32])
```

"加噪"后的蝴蝶图像如图 4-5 所示。

图 4-5 "加噪"后的蝴蝶图像

你可以在这里反复探索使用不同噪声调度器和预设参数所产生的效果。B 站（即哔哩哔哩网站）上有一个视频（https://www.bilibili.com/video/BV1Xs4y1D7LJ/?vd_source=c5a5204620e35330e6145843f4df6ea4）很好地解释了上述数学运算的一些细节，同时还对此类概念做了很好的介绍。

4.2.3 定义扩散模型

下面介绍本章的核心内容——模型。大多数扩散模型使用的模型结构是一些 UNet 网络模型的变体，它们的基本结构如图 4-6 所示，这也是我们在本节中将会用到的结构。

简单来说，UNet 网络模型的工作流程如下。

（1）输入 UNet 网络模型的图片会经过几个 ResNet 层中的标准网络模块，并且在经过每个标准网络模块后，图片的尺寸都将减半。

（2）同样数量的上采样层则能够将图片的尺寸恢复到原始尺寸。

（3）残差连接模块会将特征图分辨率相同的上采样层和下采样层连接起来。

UNet 网络模型的一个关键特征是其输出图片的尺寸与输入图片的尺寸相同，而这正是我们在扩散模型中所需要的。

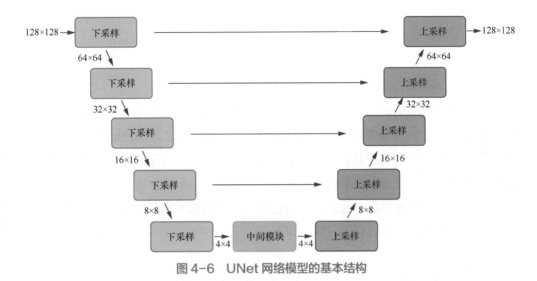

图 4-6 UNet 网络模型的基本结构

Diffusers 为我们提供了一个易用的 UNet2DModel 类，用于在 PyTorch 中创建需要的结构。

下面我们使用 UNet 网络模型生成具有目标尺寸的图片。注意，在下面的代码中，down_block_types 对应下采样模块（图 4-6 中的绿色部分），up_block_types 对应上采样模块（图 4-6 中的红色部分）。

```
from diffusers import UNet2DModel

# 创建模型
model = UNet2DModel(
    sample_size=image_size,      # 目标图像分辨率
    in_channels=3,                # 输入通道数，对于RGB图像来说，通道数为3
    out_channels=3,               # 输出通道数
    layers_per_block=2,           # 每个UNet块使用的ResNet层数
    block_out_channels=(64, 128, 128, 256),  # 更多的通道→更多的参数
    down_block_types=(
        "DownBlock2D",            # 一个常规的ResNet下采样模块
        "DownBlock2D",
        "AttnDownBlock2D",        # 一个带有空间自注意力的ResNet下采样模块
        "AttnDownBlock2D",
    ),
    up_block_types=(
        "AttnUpBlock2D",
        "AttnUpBlock2D",          # 一个带有空间自注意力的ResNet上采样模块
```

```
            "UpBlock2D",
            "UpBlock2D",                    # 一个常规的 ResNet 上采样模块
        ),
    )
    model.to(device);
```

当处理分辨率更高的图像时,你可能想尝试使用更多的上采样模块或下采样模块,并且只在分辨率最低的网络深处保留注意力模块(这是一种很特别的网络结构,能够帮助神经网络定位特征图中最重要的部分),从而降低内存负担。稍后我们将详细讨论如何通过实验来找到最适合的数据场景的配置方法。

在完成图片的输出后,我们可以通过输入一批数据和随机的迭代周期数来看看输出尺寸与输入尺寸是否相同,代码如下:

```
with torch.no_grad():
    model_prediction = model(noisy_xb, timesteps).sample
model_prediction.shape
```

代码输出内容如下:

```
torch.Size ([8, 3, 32, 32])
```

接下来我们看看如何训练这个模型。

4.2.4 创建扩散模型训练循环

做完上述准备工作后,我们终于可以开始训练模型了。下面给出 PyTorch 中典型的迭代优化循环过程。我们在模型中逐批(batch)输入数据,并使用优化器一步一步更新模型的参数。在这个示例中,我们将使用学习率为 0.0004 的 AdamW 优化器。

每一批数据的训练流程如下。

(1)随机地采样几个迭代周期。

(2)对数据进行相应的噪声处理。

(3)把"带噪"数据输入模型。

(4)将 MSE 作为损失函数,比较目标结果与模型的预测结果。在这个示例中,也就是比较真实噪声和模型预测的噪声之间的差距。

(5)通过调用函数 loss.backward() 和 optimizer.step() 来更新模型参数。

在这个过程中，我们需要记录每一步中损失函数的值，用于后续绘制损失曲线，代码如下。

```python
# 设定噪声调度器
noise_scheduler = DDPMScheduler(
    num_train_timesteps=1000, beta_schedule="squaredcos_cap_v2"
)

# 训练循环
optimizer = torch.optim.AdamW(model.parameters(), lr=4e-4)

losses = []

for epoch in range(30):
    for step, batch in enumerate(train_dataloader):
        clean_images = batch["images"].to(device)
        # 为图片添加采样噪声
        noise = torch.randn(clean_images.shape).to(clean_images.
            device)
        bs = clean_images.shape[0]

        # 为每张图片随机采样一个时间步
        timesteps = torch.randint(
            0, noise_scheduler.num_train_timesteps, (bs,),
            device=clean_images.device
        ).long()

        # 根据每个时间步的噪声幅度，向清晰的图片中添加噪声
        noisy_images = noise_scheduler.add_noise(clean_images,
            noise, timesteps)

        # 获得模型的预测结果
        noise_pred = model(noisy_images, timesteps, return_
            dict=False)[0]

        # 计算损失
        loss = F.mse_loss(noise_pred, noise)
        loss.backward(loss)
        losses.append(loss.item())

        # 迭代模型参数
        optimizer.step()
        optimizer.zero_grad()
```

```
    if (epoch + 1) % 5 == 0:
        loss_last_epoch = sum(losses[-len(train_dataloader) :]) /
            len(train_dataloader)
        print(f"Epoch:{epoch+1}, loss: {loss_last_epoch}")
```

注意： 这段代码大概需要 10min 的运行时间。如果想节约时间，也可以跳过以下操作，直接使用预训练好的模型。你还可以探索如何通过修改上面的模型定义来减小每一层中的通道数，从而提高训练速度。

Hugging Face 官方给出的扩散器训练示例以更高的分辨率在这个数据集上训练了一个更大的模型，从而方便大家了解一个规模不那么小的训练过程是什么样子的。

上述代码的输出结果如下：

```
Epoch:5, loss: 0.16273280512541533
Epoch:10, loss: 0.11161588924005628
Epoch:15, loss: 0.10206522420048714
Epoch:20, loss: 0.08302505919709802
Epoch:25, loss: 0.07805309211835265
Epoch:30, loss: 0.07474562455900013
```

上面的代码每隔 5 个 epoch 就会输出一次损失值。我们将损失值画成图以便更直观地观察，代码如下：

```
fig, axs = plt.subplots(1, 2, figsize=(12, 4))
axs[0].plot(losses)
axs[1].plot(np.log(losses))
plt.show()
```

图 4-7 展示了绘制的损失曲线。从中可以看出，模型一开始是快速收敛的，接下来便以一个较慢的速度持续优化（通过对数坐标轴可以看得更清楚）。

作为运行上述训练代码的替代方案，你也可以通过如下代码使用管线中的模型：

```
model = butterfly_pipeline.unet
```

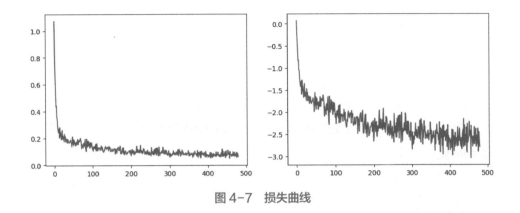

图 4-7 损失曲线

4.2.5 图像的生成

接下来的问题是，我们应该如何通过这个模型生成图像呢？方法有两种。

方法一：建立一个管线。

代码如下：

```
from diffusers import DDPMPipeline

image_pipe = DDPMPipeline(unet=model, scheduler=noise_scheduler)
pipeline_output = image_pipe()
pipeline_output.images[0]
```

生成的蝴蝶图像如图 4-8 所示。

图 4-8 生成的蝴蝶图像

输入如下代码，将管线保存到本地文件夹中：

```
image_pipe.save_pretrained("my_pipeline")
```

检查本地文件夹中的内容，代码如下：

```
!ls my_pipeline/
```

上述代码的输出结果如下：

```
model_index.json  scheduler  unet
```

scheduler 与 unet 子文件夹包含了生成图像所需的全部组件。比如，你在 unet 子文件中可以看到模型参数文件 diffusion_pytorch_model.bin 与描述模型结构的配置文件 config.json，代码如下：

```
!ls my_pipeline/unet/
```

上述代码的输出结果如下：

```
config.json  diffusion_pytorch_model.bin
```

这两个文件包含了重建管线所需的所有内容。你可以手动将这两个文件上传到 Hugging Face Hub，以便和他人共享管线，或者使用 4.3.1 节的 API 来实现这个操作。

方法二：写一个采样循环。

你可以检查一下管线中的 forward 方法（image_pipe.forward），并尝试理解在运行 image_pipe 时发生了什么。

我们从完全随机的"带噪"图像开始，从最大噪声往最小噪声方向运行调度器，并根据模型每一步的预测去除少量噪声，代码如下：

```python
# 随机初始化（8张随机图片）
sample = torch.randn(8, 3, 32, 32).to(device)

for i, t in enumerate(noise_scheduler.timesteps):

    # 获得模型的预测结果
    with torch.no_grad():
        residual = model(sample, t).sample

    # 根据预测结果更新图像
    sample = noise_scheduler.step(residual, t, sample).prev_sample

show_images(sample)
```

这个采样循环生成的蝴蝶图像如图 4-9 所示。

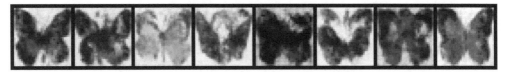

图 4-9　这个采样循环生成的蝴蝶图像

noise_scheduler.step 方法可以执行更新"样本"所需的数学运算。现实中存在许多不同的采样方法，在后续章节中，我们将探讨如何通过运用不同的采样器，加快现有模型的图像生成过程，同时更深入地讨论从扩散模型中进行采样的原理。

4.3　拓展知识

4.3.1　将模型上传到 Hugging Face Hub

在前面的示例中，我们把管线保存到本地文件夹中。如果想把自己训练的模型推送到 Hugging Face Hub，那么你需要将文件推送到模型存储库。Hugging Face Hub 将根据你的选择（模型 ID）来决定模型存储库的名称（你可以自由更改 model_name，它只需要包含用户名即可，这正是 get_full_repo_name() 函数所要完成的操作），代码如下：

```python
from huggingface_hub import get_full_repo_name

model_name = "sd-class-butterflies-32"
hub_model_id = get_full_repo_name(model_name)
hub_model_id
```

代码输出内容如下：

```
'lewtun/sd-class-butterflies-32'
```

接下来，我们在 Hugging Face Hub 上创建一个模型仓库并将其上传，代码如下：

```python
from huggingface_hub import HfApi, create_repo

create_repo(hub_model_id)
```

```python
api = HfApi()
api.upload_folder(
    folder_path="my_pipeline/scheduler", path_in_repo="",
    repo_id=hub_model_id
)
api.upload_folder(folder_path="my_pipeline/unet", path_in_repo="",
    repo_id=hub_model_id)
api.upload_file(
    path_or_fileobj="my_pipeline/model_index.json",
    path_in_repo="model_index.json",
    repo_id=hub_model_id,
)
```

上述代码的输出结果如下：

```
'https://huggingface.co/lewtun/sd-class-butterflies-32/blob/main/
    model_index.json'
```

最后，我们还可以通过以下代码创建一个精美的模型卡片，这将使蝴蝶生成器在 Hugging Face Hub 上更容易被发现（请在描述中展示你的创意）：

```
from huggingface_hub import ModelCard

content = f"""
---
license: mit
tags:
- pytorch
- diffusers
- unconditional-image-generation
- diffusion-models-class
---
# 这个模型用于生成蝴蝶图像的无条件图像生成扩散模型

'''python
from diffusers import DDPMPipeline

pipeline = DDPMPipeline.from_pretrained('{hub_model_id}')
image = pipeline().images[0]
image
"""

card = ModelCard(content)
card.push_to_hub(hub_model_id)
```

这个模型已经上传到 Hugging Face Hub。你现在可以通过如下代码从任何地方使用 DDPMPipeline 的 from_pretrained 方法来下载该模型：

```
from diffusers import DDPMPipeline

image_pipe = DDPMPipeline.from_pretrained(hub_model_id)
pipeline_output = image_pipe()
pipeline_output.images[0]
```

下载的蝴蝶图像如图4-10所示。太棒了，我们成功了！

图4-10　下载的蝴蝶图像

4.3.2　使用Accelerate库扩大训练模型的规模

本书面向初学者，旨在让你能够轻松学习扩散模型，并尽量确保代码简洁明了。为此，本书省略了部分关于在大量数据上训练较大模型的内容，如多GPU支持、进度记录与示例图像、支持较大批量的梯度检查点、自动上传模型等。不过，你可以在相关的示例训练代码中找到这些内容，详见 raw.githubusercontent 网站。

你还可以通过执行如下代码来下载示例训练代码：

```
!wget https://github.com/huggingface/diffusers/raw/main/examples/
    unconditional_image_generation/train_unconditional.py
```

在阅读完这个代码文件后，你将能够理解模型是怎么定义的以及有哪些可选的配置参数。我们可以通过如下命令来运行示例训练代码：

```
# 给新模型取个名字
model_name = "sd-class-butterflies-64"
hub_model_id = get_full_repo_name(model_name)
hub_model_id
```

代码输出内容如下：

```
'lewtun/sd-class-butterflies-64'
```

执行以下代码，我们就通过Accelerate库启动这个训练脚本。Accelerate库可以自动帮助我们完成诸如多 GPU 并行训练的训练部署功能：

```
!accelerate launch train_unconditional.py \
  --dataset_name="huggan/smithsonian_butterflies_subset" \
  --resolution=64 \
  --output_dir={model_name} \
  --train_batch_size=32 \
  --num_epochs=50 \
  --gradient_accumulation_steps=1 \
  --learning_rate=1e-4 \
  --lr_warmup_steps=500 \
  --mixed_precision="no"
```

与之前一样，我们可以把模型 push 到 Hugging Face Hub 并创建一个超酷的模型卡片（请按照你的想法随意填写），代码如下：

```
create_repo(hub_model_id)
api = HfApi()
api.upload_folder(
    folder_path=f"{model_name}/scheduler", path_in_repo="",
        repo_id=hub_model_id
)
api.upload_folder(
    folder_path=f"{model_name}/unet", path_in_repo="", repo_id=hub_
        model_id
)
api.upload_file(
    path_or_fileobj=f"{model_name}/model_index.json",
    path_in_repo="model_index.json",
    repo_id=hub_model_id,
)

content = f"""
---
license: mit
tags:
- pytorch
- diffusers
- unconditional-image-generation
- diffusion-models-class
---

# 这是一个无条件图像生成扩散模型，用来生成美丽的蝴蝶图像
```

```python
from diffusers import DDPMPipeline

pipeline = DDPMPipeline.from_pretrained('{hub_model_id}')
image = pipeline().images[0]
image
"""
card = ModelCard(content) card.push_to_hub(hub_model_id)
```

大概 45min 后，我们将得到输出结果。利用如下代码可对蝴蝶图像进行绘制。

```
pipeline = DDPMPipeline.from_pretrained(hub_model_id).to(device)
images = pipeline(batch_size=8).images
make_grid(images)
```

得到的蝴蝶图像如图 4-11 所示。

图 4-11　得到的蝴蝶图像

练习 4-3：思考如何才能在尽可能短的时间内找到优秀好用的训练 / 模型设置，并在 Hugging Face 社区分享你的发现。请尝试阅读一些你能找到的训练脚本，看看是否能够理解它们的内容。若有任何难以理解之处，请随时在社区提问，以寻求解答和帮助。

4.4　本章小结

在本章中，我们演示了如何使用 Diffusers 库来定义并训练一个能生成蝴蝶图像的扩散模型，希望这些能让你初步了解如何使用 Diffusers 库。

你还可以通过进行如下尝试来加深理解。

- 尝试在新的数据集上训练一个无条件扩散模型。你可以通过参考文档 Create an image dataset（详见 https://huggingface.co/docs/datasets/image_dataset）来完成创建新数据集的过程。此外，你还可以在 Hugging Face Hub 上找到一些能完成这个任务的超级棒的图像数据集（详见https://huggingface.co/huggan）。如果你不想等待模型训练太久的话，请一定记得对图片进行下采样。
- 试着使用DreamBooth创建你自己定制的扩散模型管线，详细操作教程可在GitHub上进行搜索。
- 修改训练脚本，探索不同的UNet网络超参数（如层数、深度或通道数）以及不同的噪声调度器等。

第 5 章 微调和引导

在本章中，我们将介绍如何通过新方法来使用和适配预训练的扩散模型，以及如何创建以额外输入作为生成条件的扩散模型，以此来控制生成过程。

具体来说，我们将介绍两种基于现有模型实现改造的主要方法。

- 通过微调（fine-tuning），我们可以在新的数据集上重新训练已有的模型，以改变原有的输出类型。
- 通过引导（guidance），我们可以在推理阶段引导现有模型的生成过程，以获取额外的控制。

1. 微调

从头开始训练一个扩散模型需要很长的时间，特别是当你使用的是高分辨率图像时，从头开始训练所需的时间可能很长，并且数据量也可能非常庞大。幸运的是，我们还有一种解决方法，就是从一个已经训练过的模型开始训练。这样我们就可以从一个已经学会如何"去噪"的模型开始训练，相较于随机初始化的模型，这或许是一个更好的起点。

一般来说，当你的新数据和原始模型的训练数据有些相似时，微调的效果会非常好（例如，若想生成卡通人脸，最好使用在人脸数据集上训练过的模型进行微调）。但令人惊讶的是，即使图片分布发生显著变化，微调也仍然可以带来好处。图 5-1 展示了通过在 LSUN 卧室图片数据集上微调一个模型并在 WikiArt 数据集上进行 500 步微调后生成的图像（相关的训练脚本详见 https://github.com/huggingface/diffusion-models-class/blob/main/unit2/finetune_model.py）。

2. 引导

未施加生成条件的模型一般无法对生成的内容进行控制，因此我们可以训练一个条件模型，使其接收额外输入，以此控制生成过程。但是，如何使用一个没有生成条件的模型来实现这一目的呢？我们可以采用引导的方法来完成，生成过程中每一步的模型预测结果都将被一些引导函数评估,并据此加以修改,从而使最终的生成结果符合我们的期望。

图 5-1 通过微调模型生成的图像

引导函数可以是任何函数,这就让我们有了很大的设计空间。下面我们从一个简单的示例(控制图像的整体色调,如图 5-2 所示)开始,然后使用一个名为 CLIP 的预训练模型,使生成的结果基于文字描述。

图 5-2 引导图像整体色调的偏移

3. 条件生成

引导能让我们从一个无条件扩散模型中获得额外的收益。但是,如果在训练过程中有一些额外的信息(比如图像类别或文字描述),那么我们就可以把这些信息输入模型,让模型使用这些信息来进行预测。由此我们便创建了一个条件模型,我们可以在推理阶段通过输入相关信息作为条件来控制模型的生成。类别条件模型可以根据类别标签生成对应的图像，如图 5-3 所示。

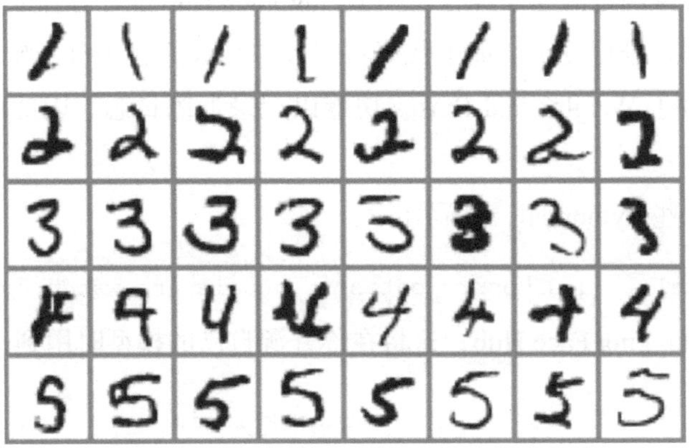

图 5-3 根据手写数字的类别生成的图像

将条件信息输入模型的方法有很多种，具体如下。
- 将条件信息作为额外的通道输入UNet网络模型。在这种情况下，条件信息通常与图像具有相同的形状。例如，条件信息可以是图像分割的掩模（mask）、深度图或模糊图像（针对图像修复、超分辨率任务的模型）。这种方法也同样适用于其他条件信息，例如类别标签可以映射为嵌入，并展开成具有与输入图像相同的宽度和高度，以作为额外的通道输入模型。
- 将条件信息转换成嵌入，然后将嵌入通过投影层映射来改变其通道数，从而可以对齐模型中间层的输出通道数，最后将嵌入加到中间层的输出上。通常情况下，这是将时间步当作条件时的做法。例如，我们可以将时间步的嵌入映射到特定通道数，然后添加到模型的每个残差网络模块的输出上。这种方法在有向量形式的条件时很有用，例如CLIP中的图像嵌入。
- 添加带有交叉注意力（cross-attention）机制的网络层。这种方法在条件是某种形式的文本时最有效。例如，如果文本被一个Transformer模型映射成一串嵌入，那么UNet网络模型中带有交叉注意力机制的网络层就会将这些信息合并到"去噪"路径中。在第6章中，在学习如何处理文本信息条件时，你将看到这种情况。

5.1 环境准备

为了能够将微调过的模型保存到 Hugging Face Hub 上，你需要使用一个具有写权限的访问令牌来进行登录。如下代码将引导你登录并连接自己账号的相关令牌页面。这里还用到了 Weights and Biases 功能以记录训练日志，因此你需要注册一个账号。

首先安装一些 Python 库，代码如下：

```
!pip install -qq diffusers datasets accelerate wandb open-clip-torch
```

然后登录 Hugging Face Hub，这将在你开源自己的模型时用到，代码如下：

```python
from huggingface_hub import notebook_login
notebook_login()
```

如果登录成功，你将看到如下提示信息：

```
Token is valid.
Your token has been saved in your configured git credential helpers
    (store).
Your token has been saved to /root/.huggingface/token
Login successful
```

接下来，你还需要做一些其他的准备工作，包括在代码中引入需要使用的库和计算设备，代码如下：

```python
import numpy as np
import torch
import torch.nn.functional as F
import torchvision
from datasets import load_dataset
from diffusers import DDIMScheduler, DDPMPipeline
from matplotlib import pyplot as plt
from PIL import Image
from torchvision import transforms
from tqdm.auto import tqdm
device = (
    "mps"
    if torch.backends.mps.is_available()
    else "cuda"
```

```
    if torch.cuda.is_available()
    else "cpu"
)
```

5.2 载入一个预训练过的管线

在本节中,我们将首先载入一个现有的管线,看看能用它做些什么,代码如下:

```
image_pipe = DDPMPipeline.from_pretrained("google/ddpm-celebahq-256")
image_pipe.to(device);
```

生成图像就像调用管线的 __call__ 方法一样简单,我们可以像调用函数一样进行尝试,代码如下:

```
images = image_pipe().images
images[0]
```

上述代码生成的图像如图5-4所示。

图5-4 生成的图像

过程很简单,但速度有点慢。因此,在进入正题之前,我们先了解一下实际的采样循环是什么样的，看看能否用一个更快的采样器加快这一过程。

5.3 DDIM——更快的采样过程

在生成图像的每一步中，模型都会接收一个带有噪声的输入，并且需要预测这个噪声，以此来估计没有噪声的完整图像。起初，由于模型的预测效果不佳，因此我们需要将这个过程分解为多个步骤。然而，使用1000多步来实现整个生成过程并不是必需的，因为最新的研究已经找到通过尽可能少的步骤来生成良好结果的采样方法。

在Diffusers库中，这些采样方法是通过调度器进行控制的，每次更新则是由step()函数来完成的。为了生成图像，我们将从随机噪声开始，在每个时间步都将带有噪声的输入送入模型，并将模型的预测结果再次输入step()函数。最后，将返回的输出命名为prev_sample，其中，prev表示previous，这是因为我们在时间上其实是倒退的，整个过程是从高噪声到低噪声的（与前向扩散过程相反）。

接下来我们尝试一下。首先载入一个调度器，这里使用的是DDIMScheduler（基于论文 "Denoising Diffusion Implicit Models"）。与DDPM相比，DDIMScheduler可以通过更少的迭代周期来产生很不错的采样样本。载入调度器的代码如下：

```
# 创建一个新的调度器并设置推理迭代次数
scheduler = DDIMScheduler.from_pretrained("google/ddpm-celebahq-256")
scheduler.set_timesteps(num_inference_steps=40)
```

可以看到，使用这一调度器仅需40步即可完成图像生成过程，相比原来的1000多步可以节省很多时间。我们可以通过如下代码查看该调度器的时间步：

```
scheduler.timesteps
```

代码输出内容如下：

```
tensor([975, 950, 925, 900, 875, 850, 825, 800, 775, 750, 725,
        700, 675, 650, 625, 600, 575, 550, 525, 500, 475, 450, 425,
        400, 375, 350, 325, 300, 275, 250, 225, 200, 175, 150,
        125, 100,  75,  50,  25,   0])
```

接下来使用4幅随机噪声图像进行循环采样，并观察每一步的输入图像与预测结果的"去噪"版本，代码如下：

```python
# 从随机噪声开始
x = torch.randn(4, 3, 256, 256).to(device)
# batch size 为 4，三通道，长、宽均为 256 像素的一组图像
# 循环一整套时间步
for i, t in tqdm(enumerate(scheduler.timesteps)):

    # 准备模型输入：给"带躁"图像加上时间步信息
    model_input = scheduler.scale_model_input(x, t)

    # 预测噪声
    with torch.no_grad():
        noise_pred = image_pipe.unet(model_input, t)["sample"]

    # 使用调度器计算更新后的样本应该是什么样子
    scheduler_output = scheduler.step(noise_pred, t, x)

    # 更新输入图像
    x = scheduler_output.prev_sample

    # 时不时看一下输入图像和预测的"去噪"图像
    if i % 10 == 0 or i == len(scheduler.timesteps) - 1:
        fig, axs = plt.subplots(1, 2, figsize=(12, 5))

        grid = torchvision.utils.make_grid(x, nrow=4).permute(1, 2, 0)
        axs[0].imshow(grid.cpu().clip(-1, 1) * 0.5 + 0.5)
        axs[0].set_title(f"Current x (step {i})")

        pred_x0 = (
            scheduler_output.pred_original_sample
        )
        grid = torchvision.utils.make_grid(pred_x0, nrow=4).permute(1, 2, 0)
        axs[1].imshow(grid.cpu().clip(-1, 1) * 0.5 + 0.5)
        axs[1].set_title(f"Predicted denoised images (step {i})")
        plt.show()
```

预测过程的可视化效果如图 5-5 所示。

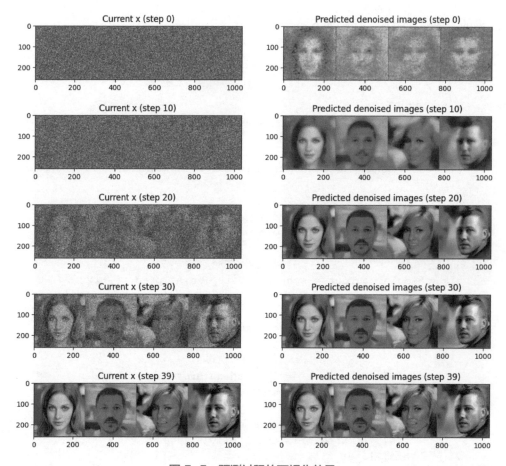

图 5-5 预测过程的可视化效果

从图 5-5 可以看出，一开始的预测结果并不是很好，但随着过程的推进，预测的输出逐步得到改善。你也可以直接使用新的调度器替换原有管线中的调度器，然后进行采样，代码如下：

```
image_pipe.scheduler = scheduler
images = image_pipe(num_inference_steps=40).images
images[0]
```

生成结果如图 5-6 所示。

图 5-6　生成结果

好了,你现在已经能够在可接受的时间范围内进行采样了。这样我们就可以更快地学习接下来的内容了。

5.4　扩散模型之微调

5.4.1　实战:微调

接下来我们尝试做一些有趣的事情。试想一下,如果给你一个预训练过的管线,该如何使用新的训练数据重新训练模型以生成图像呢?

这个过程和从头开始训练模型几乎是一样的,但我们可以使用现有模型进行初始化以节省时间。好了,我们开始动手实践吧。

在数据方面,我们可以尝试使用一些人脸数据集,如 Vintage Faces 数据集或动漫人脸图片数据集,因为被微调的模型也是在人脸数据上训练出来的。为了方便讲解,这里使用第 4 章的蝴蝶图像集。首先,使用以下代码下载蝴蝶图像集并创建 data loader(即数据加载器):

```
dataset_name = "huggan/smithsonian_butterflies_subset"
```

```
dataset = load_dataset(dataset_name, split="train")
image_size = 256
batch_size = 4
preprocess = transforms.Compose(
    [
        transforms.Resize((image_size, image_size)),
        transforms.RandomHorizontalFlip(),
        transforms.ToTensor(),
        transforms.Normalize([0.5], [0.5]),
    ]
)

def transform(examples):
    images = [preprocess(image.convert("RGB")) for image in
        examples["image"]]
    return {"images": images}

dataset.set_transform(transform)

train_dataloader = torch.utils.data.DataLoader(
    dataset, batch_size=batch_size, shuffle=True
)
```

接下来输出 4 幅蝴蝶图像，以便进行观察，结果如图 5-7 所示。

```
print("Previewing batch:")
batch = next(iter(train_dataloader))
grid = torchvision.utils.make_grid(batch["images"], nrow=4)
plt.imshow(grid.permute(1, 2, 0).cpu().clip(-1, 1) * 0.5 + 0.5)
```

图 5-7　输出的 4 幅蝴蝶图像

在完成上述准备工作后，我们还需要考虑 4 个额外因素。

额外因素 1：要权衡好 batch size 和图像尺寸，以适应 GPU 显存。这里使用的

batch size 很小（仅为 4），因为训练是基于较大尺寸（256×256 像素）的图像进行的，而且模型也很大。此时，如果 batch size 过大，那么 GPU 显存有可能不够用。你也可以通过减小图像尺寸并换取更大的 batch size 来加快训练过程，但是要注意这些模型最初都是基于生成 256×256 像素的图像来设计和训练的。

下面我们来看看训练循环。首先把想要优化的目标参数设定为 image_pipe.unet.parameters()，以更新预训练过的模型的权重，其余代码基本上与第 4 章中对应的部分相同，代码如下：

```
num_epochs = 2
lr = 1e-5
grad_accumulation_steps = 2

optimizer = torch.optim.AdamW(image_pipe.unet.parameters(), lr=lr)

losses = []

for epoch in range(num_epochs):
    for step, batch in tqdm(enumerate(train_dataloader),
        total=len(train_dataloader)):
        clean_images = batch["images"].to(device)
        # 随机生成一个噪声，稍后加到图像上
        noise = torch.randn(clean_images.shape).to(clean_images.
            device)
        bs = clean_images.shape[0]

        # 随机选取一个时间步
        timesteps = torch.randint(
            0,
            image_pipe.scheduler.num_train_timesteps,
            (bs,),
            device=clean_images.device,
        ).long()

        # 根据选中的时间步和确定的幅值，在干净图像上添加噪声
        # 此处为前向扩散过程
        noisy_images = image_pipe.scheduler.add_noise(clean_images,
            noise, timesteps)

        # 使用"带噪"图像进行网络预测
        noise_pred = image_pipe.unet(noisy_images, timesteps,
```

```
        return_dict=False)[0]

    # 对真正的噪声和预测的结果进行比较,注意这里是预测噪声
    loss = F.mse_loss(
        noise_pred, noise
    )

    # 保存损失值
    losses.append(loss.item())

    # 根据损失值更新梯度
    loss.backward()

    # 进行梯度累积,在累积到一定步数后更新模型参数
    if (step + 1) % grad_accumulation_steps == 0:
        optimizer.step()
        optimizer.zero_grad()

print(
    f"Epoch {epoch} average loss: {sum(losses[-len(train_
        dataloader):])/len(train_dataloader)}"
)

# 画出损失曲线,效果如图 5-8 所示
plt.plot(losses)
```

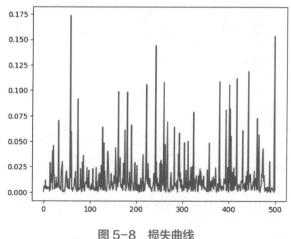

图 5-8　损失曲线

额外因素 2:通过观察图 5-8,我们发现损失曲线就像噪声一样混乱。这是因

为每次迭代都只使用了4个训练样本，并且添加到它们的噪声水平也都是随机的，这对训练来说并不理想。一种弥补措施是使用一个非常小的学习率，以限制每次更新的幅度。但我们还有更好的方法，那就是进行梯度累积（gradient accumulation），这样既能得到与使用更大 batch size 一样的收益，又不会造成内存溢出。

具体做法如下：多运行几次 loss.backward() 再调用 optimizer.step() 和 optimizer.zero_grad()，这样 PyTorch 就会累积（即求和）梯度并将多批次数据产生的梯度高效地融合在一起，从而生成一个单一的（更好的）梯度估计值用于参数更新。这种做法可以减少参数更新的次数，效果相当于使用更大的 batch size 进行训练。梯度累积是一件很多框架（如 Hugging Face）都会替你做的事情，但在这里我们选择自己来做，因为这对于我们在 GPU 内存受限时训练模型非常有帮助。

练习 5-1：思考是否可以把梯度累积加到训练循环中呢？如果可以，具体该怎么做呢？如何基于梯度累积的步数调整学习率？学习率与之前一样吗？

额外因素 3：我们的训练程序每遍历完一次数据集，才输出一行更新信息，这样的频率不足以及时反映我们的训练进展。因此为了更好地了解训练情况，我们应该采取以下两个步骤。

（1）在训练过程中，时不时生成一些图像样本，供我们检查模型性能。

（2）在训练过程中，将损失值、生成的图像样本等信息记录到日志中，可使用 Weights and Biases、TensorBoard 等功能或工具。

为了方便你了解训练效果，本书提供了一个快速的脚本程序，该脚本程序使用上述训练代码并加入了少量日志记录功能。

通过观察这些信息，你可以发现，尽管从损失值的角度看，训练似乎没有得到改进，但你可以看到一个从原有图像分布到新的数据集的分布的演变过程。

练习 5-2：尝试修改第 4 章的示例训练脚本程序。你可以使用预训练好的模型，而不是从头开始训练。对比一下这里提供的脚本程序，看看有哪些额外功能是这里的脚本程序所没有的。

接下来，我们可以使用模型生成一些图像样本，代码如下：

```
x = torch.randn(8, 3, 256, 256).to(device)
for i, t in tqdm(enumerate(scheduler.timesteps)):
    model_input = scheduler.scale_model_input(x, t)
```

```
with torch.no_grad():
    noise_pred = image_pipe.unet(model_input, t)["sample"]
x = scheduler.step(noise_pred, t, x).prev_sample
grid = torchvision.utils.make_grid(x, nrow=4)
plt.imshow(grid.permute(1, 2, 0).cpu().clip(-1, 1) * 0.5 + 0.5)
```

其中一些图像里的人脸已经受到蝴蝶数据的影响并开始迁移，如图 5-9 所示。

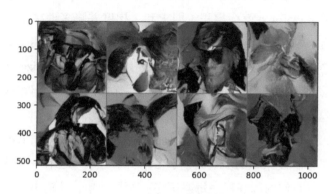

图 5-9　人脸图像在向蝴蝶图像迁移

额外因素 4：微调过程可能是难以预测的。如果训练时间很长，则我们有可能看到一些完美的蝴蝶图像，但模型的中间过程也非常有趣，特别是对于那些对不同艺术风格感兴趣的人来说。你还可以试着短时间或长时间观察一下训练过程，并改变学习率，看看这会如何影响模型最终的输出。

5.4.2　使用一个最小化示例程序来微调模型

本节提供了一个最小化示例程序，用于微调相关模型。你也可以仿照接下来介绍的方法简单地微调模型，代码如下：

```
## 下载用于微调的脚本
!wget https://github.com/huggingface/diffusion-models-class/raw/
  main/unit2/finetune_model.py
## 在终端运行脚本：在 Vintage Face 数据集上训练脚本
!python finetune_model.py
    --image_size 128 --batch_size 8 --num_epochs 16 \
    --grad_accumulation_steps 2 --start_model "google/ddpm-
      celebahq-256" \
    --dataset_name "Norod78/Vintage-Faces-FFHQAligned" \
    --wandb_project 'dm-finetune' \
```

```
    --log_samples_every 100 --save_model_every 1000 \
    --model_save_name 'vintageface'
```

5.4.3 保存和载入微调过的管线

我们已经成功地微调好了扩散模型中的 UNet 网络，接下来便可通过以下代码将其保存到本地文件夹中：

```
image_pipe.save_pretrained("my-finetuned-model")
```

与前几章类似，我们需要在此过程中保存配置文件、模型和调度器，代码如下：

```
model_index.json  scheduler  unet
```

接下来将模型上传到 Hugging Face Hub，代码如下：

```
from huggingface_hub import HfApi, ModelCard, create_repo, get_
    full_repo_name
# 配置 Hugging Face Hub，上传文件
model_name = "ddpm-celebahq-finetuned-butterflies-2epochs"
local_folder_name = "my-finetuned-model"
# 你也可以通过 image_pipe.save_pretrained('savename') 自行指定
description = "Describe your model here"
hub_model_id = get_full_repo_name(model_name)
create_repo(hub_model_id)
api = HfApi()
api.upload_folder(
    folder_path=f"{local_folder_name}/scheduler",path_in_repo="",
            repo_id=hub_model_id )
api.upload_folder(
    folder_path=f"{local_folder_name}/unet", path_in_repo="",
    repo_id=hub_model_id )
api.upload_file(
    path_or_fileobj=f"{local_folder_name}/model_index.json",
    path_in_repo="model_index.json",
    repo_id=hub_model_id,
)

# 添加一个模型卡片，这一步虽然不是必需的，但可以给他人提供一些模型描述信息

content = f"""
---
```

```
license: mit
tags:
- pytorch
- diffusers
- unconditional-image-generation
- diffusion-models-class
---
# 用法
from diffusers import DDPMPipeline
pipeline = DDPMPipeline.from_pretrained(' {hub_model_id}')
image = pipeline().images[0]
image
'''
"""
card = ModelCard(content)
card.push_to_hub(hub_model_id)
```

5.5 扩散模型之引导

在本节中，我们将学习如何对模型进行引导。为了方便讲解，我们将使用在 LSUM bedrooms 数据集上训练并在 WikiArt 数据集上进行一轮微调的新模型。下面下载该模型并查看其生成效果，代码如下：

```
# 载入一个预训练过的管线
pipeline_name = "johnowhitaker/sd-class-wikiart-from-bedrooms"
image_pipe = DDPMPipeline.from_pretrained(pipeline_name).to(device)

# 使用 DDIM 调度器，仅用 40 步生成一些图片
scheduler = DDIMScheduler.from_pretrained(pipeline_name)
scheduler.set_timesteps(num_inference_steps=40)

# 将随机噪声作为出发点
x = torch.randn(8, 3, 256, 256).to(device)

# 使用一个最简单的采样循环
for i, t in tqdm(enumerate(scheduler.timesteps)):
    model_input = scheduler.scale_model_input(x, t)
    with torch.no_grad():
        noise_pred = image_pipe.unet(model_input, t)["sample"]
    x = scheduler.step(noise_pred, t, x).prev_sample
```

```
# 查看生成结果,如图 5-10 所示
grid = torchvision.utils.make_grid(x, nrow=4)
plt.imshow(grid.permute(1, 2, 0).cpu().clip(-1, 1) * 0.5 + 0.5)
```

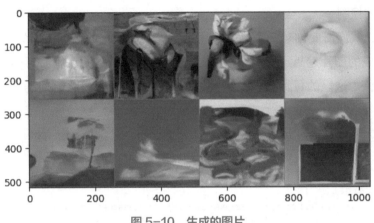

图 5-10　生成的图片

图 5-10 所示的效果可能让你感到困惑。通常情况下，想要判断微调的效果并不容易，而且"足够好的性能"在不同应用场景下代表的水平也会有所不同。例如，如果你在一个很小的数据集上微调文本条件模型（如稳定扩散模型），那么你可能希望模型尽可能保留其原始训练所学习的内容，以便它能够理解数据集中未涵盖的各种文本提示语，同时，我们又希望它能适应我们的数据集，以便使生成的内容与原有的数据风格一致。这可能意味着我们需要使用很小的学习率并对模型执行指数平均操作。

在其他情况下，你可能需要完全重新训练一个模型以适应新的数据集（就像我们在前面的示例中从卧室图片到 WikiArt 图片所做的微调一样），此时就需要使用较大的学习率并进行长时间的训练。即使从损失曲线中看不出模型是否得到了改善，生成的样本也已经很清晰地显示了从原始数据到更具艺术感的风格迁移的过程，尽管这看起来不够协调。

接下来让我们看看如何对这种模型进行额外的引导，以更好、更准确地控制模型的输出。

5.5.1 实战：引导

如果想要对生成的样本施加控制，该怎么做呢？如果想让生成的图片偏向于靠近某种颜色，又该怎么做呢？这时我们可以利用引导（guidance），在采样过程中施加额外的控制。

首先，我们需要创建一个函数，用于定义希望优化的指标（损失值）。下面是一个让生成的图片趋近于某种颜色的示例，color_loss() 函数能够对图片的像素值和目标颜色（这里的目标颜色是一种浅蓝绿色）进行比较并返回均方误差，代码如下：

```
def color_loss(images, target_color=(0.1, 0.9, 0.5)):
    """给定一个RGB值，返回一个损失值，用于衡量图片的像素值与目标颜色相差多少；
        这里的目标颜色是一种浅蓝绿色，对应的RGB值为 (0.1, 0.9, 0.5)"""
    target = (
        torch.tensor(target_color).to(images.device) * 2 - 1
    ) # 首先对target_color进行归一化，使它的取值区间为 (-1, 1)
    target = target[
        None, :, None, None
    ] # 将所生成目标张量的形状改为 (b, c, h, w)，以适配输入图像 images 的
      # 张量形状
    error = torch.abs(
        images - target
    ).mean() # 计算图片的像素值以及目标颜色的均方误差
    return error
```

接下来，我们需要修改采样循环并执行以下操作。

（1）创建新的输入图像 *x*，将它的 requires_grad 属性设置为 True。

（2）计算"去噪"后的图像 x_0。

（3）将"去噪"后的图像 x_0 传递给损失函数。

（4）计算损失函数对输入图像 *x* 的梯度。

（5）在使用调度器之前，先用计算出来的梯度修改输入图像 *x*，使输入图像 *x* 朝着减少损失值的方向改进。

实现方法有两种，你可以尝试确定哪一种方法更好。第一种方法是从 UNet 网络中获取噪声预测，之后将输入图像 *x* 的 requires_grad 属性设为 True，这样可以更高效地使用内存（因为不需要通过扩散模型追踪梯度），但是会导致梯度的精度降

低。第二种方法是先将输入图像 x 的 requires_grad 属性设置为 True，然后传递给 UNet 网络并计算"去噪"后的图像 x_0。

```python
# 第一种方法
# guidance_loss_scale 用于决定引导的强度有多大
guidance_loss_scale = 40   # 可设定为 5~100 的任意数字

x = torch.randn(8, 3, 256, 256).to(device)

for i, t in tqdm(enumerate(scheduler.timesteps)):

    # 准备模型输入
    model_input = scheduler.scale_model_input(x, t)

    # 预测噪声
    with torch.no_grad():
        noise_pred = image_pipe.unet(model_input, t)["sample"]

    # 设置 x.requires_grad 为 True
    x = x.detach().requires_grad_()

    # 得到"去噪"后的图像
    x0 = scheduler.step(noise_pred, t, x).pred_original_sample

    # 计算损失值
    loss = color_loss(x0) * guidance_loss_scale
    if i % 10 == 0:
        print(i, "loss:", loss.item())

    # 获取梯度
    cond_grad = -torch.autograd.grad(loss, x)[0]

    # 使用梯度更新 x
    x = x.detach() + cond_grad

    # 使用调度器更新 x
    x = scheduler.step(noise_pred, t, x).prev_sample
# 查看结果
grid = torchvision.utils.make_grid(x, nrow=4)
im = grid.permute(1, 2, 0).cpu().clip(-1, 1) * 0.5 + 0.5
Image.fromarray(np.array(im * 255).astype(np.uint8))
```

代码输出内容如下:

```
0 loss: 27.279136657714844
10 loss: 11.286816596984863
20 loss: 10.683112144470215
30 loss: 10.942476272583008
```

可视化损失值的变化情况如图 5-11 所示,可以发现,图片颜色趋近于目标颜色。

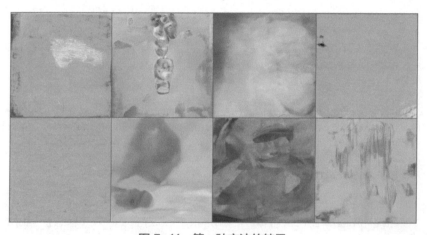

图 5-11　第一种方法的结果

下面介绍第二种方法。即便使用的 batch size 是 4 而不是 8,第二种方法也需要第一种方法几乎两倍的 GPU 显存。你能看出它们的不同之处吗?思考一下为什么第二种方法的梯度更精确,代码如下:

```
# 第二种方法:在模型预测前设置好 x.requires_grad
guidance_loss_scale = 40
x = torch.randn(4, 3, 256, 256).to(device)

for i, t in tqdm(enumerate(scheduler.timesteps)):
    
    # 首先设置好 requires_grad
    x = x.detach().requires_grad_()
    model_input = scheduler.scale_model_input(x, t)
    
    # 预测
    noise_pred = image_pipe.unet(model_input, t)["sample"]
```

```python
# 得到"去噪"后的图像
x0 = scheduler.step(noise_pred, t, x).pred_original_sample

# 计算损失值
loss = color_loss(x0) * guidance_loss_scale
if i % 10 == 0:
    print(i, "loss:", loss.item())

# 获取梯度
cond_grad = -torch.autograd.grad(loss, x)[0]

# 根据梯度修改 x
x = x.detach() + cond_grad

# 使用调度器更新 x
x = scheduler.step(noise_pred, t, x).prev_sample

grid = torchvision.utils.make_grid(x, nrow=4)
im = grid.permute(1, 2, 0).cpu().clip(-1, 1) * 0.5 + 0.5
Image.fromarray(np.array(im * 255).astype(np.uint8))
```

代码输出内容如下：

```
0 loss: 30.750328063964844
10 loss: 18.550724029541016
20 loss: 17.515094757080078
30 loss: 17.55681037902832
```

可视化损失值的变化情况如图 5-12 所示。

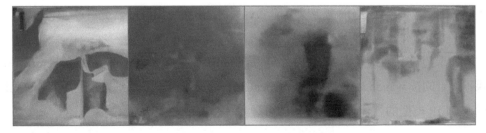

图 5-12　第二种方法的结果

第二种方法对 GPU 显存的要求更高了，但颜色迁移的效果减弱了。你可能觉得第二种方法其实不如第一种方法。但是，第二种方法的输出更接近于训练模型所使用的数据。你也可以通过增大 guidance_loss_scale 来增强颜色迁移的效果，最终方法的选择取决于谁在实验中的效果更好。

练习 5-3：选出你最喜欢的颜色并找出相应的 RGB 值，然后修改上述代码中的 color_loss() 函数，将目标颜色改成你最喜欢的颜色并检查输出。观察输出和你预期的结果匹配吗？

5.5.2 CLIP 引导

引导生成的图片向某种颜色倾斜确实能让我们多少对生成有所控制，但我们能否通过仅仅打几行字描述一下就得到自己想要的图片呢？

CLIP 是一个由 OpenAI 开发的模型，它使得我们能够对图片和文字说明进行比较。这个功能非常强大，因为它能让我们量化一张图和一句提示语的匹配程度。另外，由于这个过程是可微分的，因此我们可以将其作为损失函数来引导扩散模型。

这里不深究细节，基本流程如下。

（1）对文本提示语进行嵌入，为 CLIP 获取一个 512 维的嵌入。

（2）在扩散模型的生成过程中的每一步执行如下操作。

- 制作多个不同版本的预测出来的"去噪"图片（不同版本的"去噪"图片可以提供更干净的损失信号）。
- 对于预测出来的每一张"去噪"图片，用CLIP给图片做嵌入，并对图片的嵌入和文字的嵌入进行对比（使用一种名为 Great Circle Distance Squared的度量方法）。
- 计算损失对于当前"带噪"输入 *x* 的梯度，在使用调度器更新 *x* 之前先用这个梯度修改它。

如果想更深入地了解 CLIP，你可以在 GitHub 上学习 Jonathan Whitaker 开发的课程或者阅读 wandb.ai 网站上关于 OpenCLIP 的报告。本书示例就是利用 OpenCLIP 载入 CLIP 模型的，运行如下代码即可载入一个 CLIP 模型：

```
import open_clip

clip_model, _, preprocess = open_clip.create_model_and_transforms(
```

```python
    "ViT-B-32", pretrained="openai"
)
clip_model.to(device)

# 图像变换：用于修改图像尺寸和增广数据，同时归一化数据，以使数据能够适配CLIP模型
tfms = torchvision.transforms.Compose(
    [
        torchvision.transforms.RandomResizedCrop(224),  # 随机裁剪
        torchvision.transforms.RandomAffine(5),          # 随机扭曲图片
        torchvision.transforms.RandomHorizontalFlip(),   # 随机左右镜像，
                                                         # 你也可以使用其他增广方法
        torchvision.transforms.Normalize(
            mean=(0.48145466, 0.4578275, 0.40821073),
            std=(0.26862954, 0.26130258, 0.27577711),
        ),
    ]
)

# 定义一个损失函数，用于获取图片的特征，然后与提示文字的特征进行对比
def clip_loss(image, text_features):
    image_features = clip_model.encode_image(
        tfms(image)
    )  # 注意施加上面定义好的变换
    input_normed = torch.nn.functional.normalize(image_features.
        unsqueeze(1), dim=2)
    embed_normed = torch.nn.functional.normalize(text_features.
        unsqueeze(0), dim=2)
    dists = (
        input_normed.sub(embed_normed).norm(dim=2).div(2).
            arcsin().pow(2).mul(2)
    )  # 使用Squared Great Circle Distance计算距离
    return dists.mean()
```

这里还定义了一个损失函数，引导的采样循环看起来和前面示例中的很像，只不过是把color_loss()函数换成了新的基于CLIP的损失函数，代码如下：

```python
prompt = "Red Rose (still life), red flower painting"

# 读者可以探索一下这些超参数的影响
guidance_scale = 8
n_cuts = 4

# 这里使用稍微多一些的步数
```

```python
scheduler.set_timesteps(50)

# 使用CLIP从提示文字中提取特征
text = open_clip.tokenize([prompt]).to(device)
with torch.no_grad(), torch.cuda.amp.autocast():
    text_features = clip_model.encode_text(text)

x = torch.randn(4, 3, 256, 256).to(
    device
)

for i, t in tqdm(enumerate(scheduler.timesteps)):

    model_input = scheduler.scale_model_input(x, t)

    # 预测噪声
    with torch.no_grad():
        noise_pred = image_pipe.unet(model_input, t)["sample"]

    cond_grad = 0

    for cut in range(n_cuts):

        # 设置输入图像的requires_grad属性为True
        x = x.detach().requires_grad_()

        # 获得"去噪"后的图像
        x0 = scheduler.step(noise_pred, t, x).pred_original_sample

        # 计算损失值
        loss = clip_loss(x0, text_features) * guidance_scale

        # 获取梯度并使用n_cuts进行平均
        cond_grad -= torch.autograd.grad(loss, x)[0] / n_cuts

    if i % 25 == 0:
        print("Step:", i, ", Guidance loss:", loss.item())

    # 根据这个梯度更新x
    alpha_bar = scheduler.alphas_cumprod[i]
    x = (
        x.detach() + cond_grad * alpha_bar.sqrt()
    )  # 注意这里的缩放因子
```

```
# 使用调度器更新 x
x = scheduler.step(noise_pred, t, x).prev_sample


grid = torchvision.utils.make_grid(x.detach(), nrow=4)
im = grid.permute(1, 2, 0).cpu().clip(-1, 1) * 0.5 + 0.5
Image.fromarray(np.array(im * 255).astype(np.uint8))
```

代码输出内容如下。

```
Step: 0 , Guidance loss: 7.437869548797607
Step: 25 , Guidance loss: 7.174620628356934
```

CLIP 引导的初步效果如图 5-13 所示。

图 5-13　CLIP 引导的初步效果

上述图片看起来有些像玫瑰。虽然还不够完美，但如果紧接着调一调设定的参数，我们就可以得到一些更令人满意的图片。

仔细查看上面的代码，你会发现这里使用 alpha_bar.sqrt() 作为因子来缩放梯度。理论上虽然存在所谓正确地缩放这些梯度的方法，但在实践中仍需要用实验来验证。对于有些引导来说，你可能希望大部分的引导作用集中在刚开始的几步，对于另一些引导（比如一些关注点在于纹理方面的风格损失函数）来说，你可能希望它们仅仅在生成过程的结束部分加入。下面的代码展示了一些可能的方案，对应的曲线参见图 5-14。

```
plt.plot([1 for a in scheduler.alphas_cumprod], label="no scaling")
plt.plot([a for a in scheduler.alphas_cumprod], label="alpha_bar")
plt.plot([a.sqrt() for a in scheduler.alphas_cumprod],
    label="alpha_bar.sqrt()")
plt.plot(
    [(1 - a).sqrt() for a in scheduler.alphas_cumprod], label="(1-
```

```
       alpha_bar).sqrt()"
)
plt.legend()
```

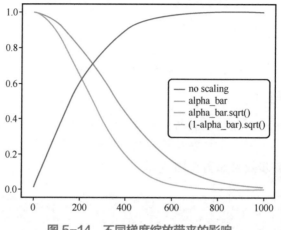

图 5-14　不同梯度缩放带来的影响

你可以做一些实验,针对不同的调整方案、引导规模大小(guidance_scale)以及任何你能想到的小技巧(比如用一个范围截断梯度),看看能让效果变得有多好。你也可以在其他模型上试试,比如我们最开始使用的那个人脸模型,你能可靠地让它生成男性人脸吗?如果把 CLIP 引导和前面基于颜色的损失函数结合起来,效果又如何呢?

如果看过一些实操的 CLIP 引导的扩散模型代码,你可能会发现一种更复杂的方法:使用更优的随机图像裁剪选取规则以及更多样的损失函数变体等,来获得更好的性能。在文本条件扩散模型出现之前,这是最好的文本到图像转换系统!我们的这个示例有很多可以改进的地方,但不管怎样,它抓住了核心要点:借助我们的引导和 CLIP 惊人的能力,我们可以给一个没有条件约束的扩散模型施加文本级别的控制。

5.6　分享你的自定义采样训练

也许你现在想出了一个很好的损失函数来引导生成过程,并且想把你的微调模型和自定义的采样策略分享给全世界,那你可以使用 Gradio!

Gradio 是一个免费的开源工具，它让你可以方便地通过一个简单的网页界面来创建和分享交互式的机器学习模型。有了 Gradio，你就可以为自己的机器学习模型自定义接口，然后通过一个唯一的 URL 共享给他人。Gradio 还集成了 Spaces，这使得创建 Demo 并共享给他人变得更容易。

在这里，我们将把需要的核心逻辑放在一个函数中，这个函数能够接收一些输入，然后输出一张图片作为输出。这个函数将被封装在一个简单的接口中，你可以自定义一些参数（这些参数是作为输入提供给 generate 函数的）。Gradio 的官方网站上有很多组件可以使用。在这个示例中，我们加入了一个滑竿来控制引导的力度（guidance scale），还加入了一个颜色选择器来定义目标颜色，代码如下：

```
!pip install -q gradio        # 安装 Gradio
```

```
import gradio as gr
from PIL import Image, ImageColor

# generate 函数用于生成图片
def generate(color, guidance_loss_scale):
    target_color = ImageColor.getcolor(color, "RGB")
    target_color = [a / 255 for a in target_color]
    x = torch.randn(1, 3, 256, 256).to(device)
    for i, t in tqdm(enumerate(scheduler.timesteps)):
        model_input = scheduler.scale_model_input(x, t)
        with torch.no_grad():
            noise_pred = image_pipe.unet(model_input, t)["sample"]
        x = x.detach().requires_grad_()
        x0 = scheduler.step(noise_pred, t, x).pred_original_sample
        loss = color_loss(x0, target_color) * guidance_loss_scale
        cond_grad = -torch.autograd.grad(loss, x)[0]
        x = x.detach() + cond_grad
        x = scheduler.step(noise_pred, t, x).prev_sample
    grid = torchvision.utils.make_grid(x, nrow=4)
    im = grid.permute(1, 2, 0).cpu().clip(-1, 1) * 0.5 + 0.5
    im = Image.fromarray(np.array(im * 255).astype(np.uint8))
    im.save("test.jpeg")
    return im

# 更多的输入输出信息可以参考 Gradio 文档
inputs = [
```

```
        gr.ColorPicker(label="color", value="55FFAA"),   # 你也可以添加
                                                         # 更多的输入
        gr.Slider(label="guidance_scale", minimum=0, maximum=30,
            value=3),
]
outputs = gr.Image(label="result")

# And the minimal interface
demo = gr.Interface(
    fn=generate,
    inputs=inputs,
    outputs=outputs,
    examples=[
        ["#BB2266", 3],
        ["#44CCAA", 5],    # 此处可以添加更多的示例
    ],
)
demo.launch(debug=True)    # 通过设置 debug=True，你将能够在 CoLab 平台上
                           # 看到错误信息
```

当然，你也可以定义一个复杂得多的接口，并加入炫酷的风格和很长的输入序列，在这里我们只进行最简单的演示。

Spaces 界面上的 Demo 默认都是用 CPU 运行的，所以在你移交之前，在 CoLab 平台上制作接口的原型是很不错的选择。当你准备好自己的 Demo 时，你需要创建一个 Space 应用，并根据 requirements.txt 文件中的说明安装程序所需的库，然后把所有代码保存到一个名为 app.py 的 Python 文件中，这个 Python 文件是用来定义相关函数和接口的。

幸运的是，你也可以复制一个 Space 应用（见图 5-15）。你可以在 Spaces 界面上查看其中一个 Demo，然后单击设置选项中的"Duplicate this Space"，将这里的代码作为模板，以便后续通过修改代码来添加自己的模型和引导函数。

在设置选项中，你也可以配置自己的 Space 应用，让它在更好的硬件上运行。如果你确实做出了一些惊艳的东西并且想在更好的硬件上分享它们，那么为硬件付费是值得的。

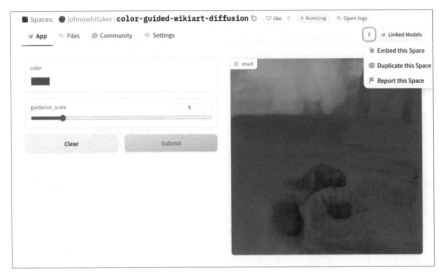

图 5-15　复制一个 Space 应用

5.7　实战：创建一个类别条件扩散模型

在本节中，我们将阐述一种给扩散模型添加额外条件信息的方法。具体来说，我们将在 MNIST 数据集上训练一个以类别为条件的扩散模型。在这里，我们可以在推理阶段指定想要生成的是哪个数字。

5.7.1　配置和数据准备

首先安装必要的 Python 库，代码如下：

```
!pip install -q diffusers
```

接下来和前面一样，进行代码方面的前期准备工作：

```
import torch
import torchvision
from torch import nn
from torch.nn import functional as F
from torch.utils.data import DataLoader
from diffusers import DDPMScheduler, UNet2DModel
from matplotlib import pyplot as plt
```

```
from tqdm.auto import tqdm

device = 'mps' if torch.backends.mps.is_available() else 'cuda'
          if torch.cuda.is_available() else 'cpu'
print(f'Using device: {device}')
# 载入MNIST数据集
dataset = torchvision.datasets.MNIST(root="mnist/", train=True,
    download=True, transform=torchvision.transforms.ToTensor())

# 创建数据加载器
train_dataloader = DataLoader(dataset, batch_size=8, shuffle=True)

# 查看MNIST数据集中的部分样本，如图5-16所示
x, y = next(iter(train_dataloader))
print('Input shape:', x.shape)
print('Labels:', y)
plt.imshow(torchvision.utils.make_grid(x)[0], cmap='Greys')
```

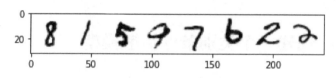

图 5-16　MNIST 数据集中的部分样本

5.7.2　创建一个以类别为条件的 UNet 网络模型

输入类别这一条件的流程如下。

（1）创建一个标准的 UNet2DModel 模型，加入一些额外的输入通道。

（2）通过一个嵌入层，把类别标签映射到一个长度为 class_emb_size 的特征向量上。

（3）把这个信息作为额外通道和原有的输入向量拼接起来，代码如下：

```
net_input = torch.cat((x, class_cond), 1)
```

（4）将 net_input（其中包含 class_emb_size + 1 个通道）输入 UNet 网络模型，得到最终的预测结果。

在这个示例中，class_emb_size 被设置成 4，但它其实是可以进行任意修改的。你可以试着将 class_emb_size 设置成 1（你可以看看这有没有用），2，3，…，10（正

好是类别总数），或者把需要学到的 nn.Embedding 替换成简单地对类别进行独热编码（one-hot encoding），代码如下：

```python
class ClassConditionedUnet(nn.Module):
    def __init__(self, num_classes=10, class_emb_size=4):
        super().__init__()

        # 这个网络层会把数字所属的类别映射到一个长度为 class_emb_size 的特征向量上
        self.class_emb = nn.Embedding(num_classes, class_emb_size)

        # self.model 是一个不带生成条件的 UNet 网络模型，在这里，我们给它添加了额外的
        # 输入通道，用于接收条件信息
        self.model = UNet2DModel(
            sample_size=28,                    # 所生成图片的尺寸
            in_channels=1 + class_emb_size,    # 加入额外的输入通道，
                                               # 用于施加生成条件
            out_channels=1,                    # 输出结果的通道数
            layers_per_block=2,     # 设置一个 UNet 网络模块有多少个残差连接层
            block_out_channels=(32, 64, 64),
            down_block_types=(
                "DownBlock2D",         # 常规的 ResNet 下采样模块
                "AttnDownBlock2D",     # 含有 spatial self-attention 的
                "AttnDownBlock2D",     # ResNet 下采样模块
            ),
            up_block_types=(
                "AttnUpBlock2D",
                "AttnUpBlock2D",       # 含有 spatial self-attention
                                       # 的 ResNet 上采样模块
                "UpBlock2D",           # 常规的 ResNet 下采样模块
            ),
        )

    # 此时扩散模型的前向计算就会含有额外的类别标签作为输入了
    def forward(self, x, t, class_labels):
        bs, ch, w, h = x.shape

        # 类别条件将会以额外通道的形式输入
        class_cond = self.class_emb(class_labels) # 将类别映射为向量形式，
                            # 并扩展成类似于 (bs, 4, 28, 28) 的张量形状
        class_cond = class_cond.view(bs, class_cond.shape[1], 1,
            1).expand(bs, class_cond.shape[1], w, h)
```

```
    # 将原始输入和类别条件信息拼接到一起
    net_input = torch.cat((x, class_cond), 1) # (bs, 5, 28, 28)

    # 使用模型进行预测
    return self.model(net_input, t).sample   # (bs, 1, 28, 28)
```

如果你对任何的张量形状或变换感到困惑，那么你可以在代码中添加 print 语句，查看相关形状并检查一下是否与自己预设的一致。上述代码对一些中间变量的形状做了注释，希望能够帮助你理顺思路。

5.7.3 训练和采样

不同于其他地方使用 prediction = unet(x, t)，这里使用了 prediction = unet(x, t, y)，从而在训练时把正确的标签作为第三个输入发送给模型。在推理阶段，我们可以输入任何想要的标签，如果一切正常，模型将会输出与之匹配的图片。y 在这里是 MNIST 数据集中的数字标签，取值范围是 0~9。

训练循环与第 4 章中的很像，但这里预测的是噪声而不是"去噪"后的图片，以此来匹配 DDPMScheduler 预计的目标。DDPMScheduler 用于在训练中添加噪声，并在推理时用于采样。训练也需要一定的时间，如何加速训练也可以变成一个有趣的小项目。当然你可以跳过代码的运行过程，因为本小节的重点是帮你理清思路。

```
# 创建一个调度器
noise_scheduler = DDPMScheduler(num_train_timesteps=1000,
    beta_schedule='squaredcos_cap_v2')
# 定义数据加载器
train_dataloader = DataLoader(dataset, batch_size=128, shuffle=True)
n_epochs = 10
net = ClassConditionedUnet().to(device)
loss_fn = nn.MSELoss()
opt = torch.optim.Adam(net.parameters(), lr=1e-3)
losses = []  # 记录损失值

# 训练开始
for epoch in range(n_epochs):
    for x, y in tqdm(train_dataloader):
        # 获取数据并添加噪声
```

```python
        x = x.to(device) * 2 - 1  # 数据被归一化到区间 (-1, 1)
        y = y.to(device)
        noise = torch.randn_like(x)
        timesteps = torch.randint(0, 999, (x.shape[0],)).long().
            to(device)
        noisy_x = noise_scheduler.add_noise(x, noise, timesteps)

        # 预测
        pred = net(noisy_x, timesteps, y)  # 注意这里也输入了类别标签 y

        # 计算损失值
        loss = loss_fn(pred, noise)  # 判断预测结果和实际的噪声有多接近

        # 梯度回传，参数更新
        opt.zero_grad()
        loss.backward()
        opt.step()

        # 保存损失值
        losses.append(loss.item())

    # 输出损失值
    avg_loss = sum(losses[-100:])/100
    print(f'Finished epoch {epoch}. Average of the last 100 loss
        values: {avg_loss:05f}')

# 可视化训练损失，效果如图 5-17 所示
plt.plot(losses)
```

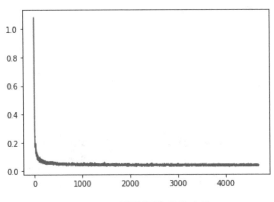

图 5-17　训练损失值的变化

等到训练结束后，我们就可以通过输入不同的标签作为条件来采样图片了，代码如下：

```
# 准备一个随机噪声作为起点，并准备我们想要的图片的标签
x = torch.randn(80, 1, 28, 28).to(device)
y = torch.tensor([[i]*8 for i in range(10)]).flatten().to(device)

# 采样循环
for i, t in tqdm(enumerate(noise_scheduler.timesteps)):
    with torch.no_grad():
        residual = net(x, t, y)
    x = noise_scheduler.step(residual, t, x).prev_sample

# 显示结果，如图 5-18 所示
fig, ax = plt.subplots(1, 1, figsize=(12, 12))
ax.imshow(torchvision.utils.make_grid(x.detach().cpu().clip(-1, 1),
    nrow=8)[0], cmap='Greys')
```

图 5-18　模型生成的结果

就是这么简单！我们现在已经能对要生成的图片进行一些控制了。

练习 5-4（选做）：采用同样的方法在 FashionMNIST 数据集上进行尝试，调节学习率、batch size 和 epoch 数。看你能否使用比上面的示例更少的训练时间，最终得到一些看起来不错的与时尚相关的图片吗？

5.8 本章小结

本章涵盖的内容很多，核心要点如下。
- 载入一个现有的模型并使用不同的调度器进行采样。
- 微调模型看起来很像从头开始训练模型，它们之间唯一的区别在于，微调是用已有的模型做初始化，旨在更快地得到更好的效果。
- 如果在大尺寸图片上微调大模型，则可以使用诸如梯度累积的方法应对训练时batch size太小的问题。
- 把采样的图片保存到日志中对微调很重要，损失曲线可能无法给出有用的信息。
- 引导能让我们在使用一个没有条件约束的扩散模型时，通过一些引导函数或损失函数来控制图片的生成过程。该过程的每一步都会计算一个损失对一张"带噪"图片的梯度，然后用计算出来的梯度更新这张"带噪"图片，之后进入下一个迭代。
- CLIP引导能让我们用文字描述控制一个没有条件约束的扩散模型的生成过程。

如果想在实践中运用这些知识，那么你还可以做如下 3 件事。
- 微调自己的模型并上传到Hugging Face Hub。具体做法如下：首先找到一个训练好的模型作为起点，然后准备一个新的数据集，这样你就可以运行本章中的代码或示例脚本程序了。
- 用微调过的模型探索一下引导过程，你可以使用本章示例中的引导函数（颜色损失函数或 CLIP），也可以自己创建一个引导函数。
- 把你的Demo分享到Gradio上，你可以复制并修改已有的Space应用，也可以创建自己的具有更多功能的Space应用。

第 6 章 Stable Diffusion

Stable Diffusion 是一个强大的文本条件隐式扩散模型（text-conditioned latent diffusion model），它所具有的根据文字描述生成精美图片的能力令人惊叹。在本章中，我们将探讨 Stable Diffusion 的工作原理并学习相关使用技巧。图 6-1 展示了 Stable Diffusion 生成的一些图片。

图 6-1　Stable Diffusion 生成的一些图片

6.1　基本概念

6.1.1　隐式扩散

当尺寸变大时，生成图片所需的计算能力也会随之增加。这种现象在自注意力（self-attention）机制下的影响尤为突出，因为操作数会随着输入量的增加以平方关系增加。一张 128×128 像素的正方形图片拥有的像素数量是一张 64×64 像素的正方形图片的 4 倍，因此在自注意力层就需要 16 倍（4^2）于后者的内存和计算量，这是高分辨率图像生成任务存在的普遍问题。

为了解决这个问题，隐式扩散（Latent Diffusion）使用了一个独立的模型——Variational Auto-Encoder（VAE）来压缩图片到一个更小的空间维度，隐式扩散的结构如图 6-2 所示。其背后的原理是，图片通常包含大量冗余信息，因此我们可以训练一个 VAE（对其使用大量的图片数据进行训练），使其可以将图片映射到一个较小的隐式表征，并将这个较小的隐式表征映射到原始图片。Stable Diffusion 中的 VAE 能够接收一张三通道图片作为输入，从而生成一个 4 通道的隐式表征，同时每一个空间维度都将减少为原来的八分之一。例如，一张 512×512 像素的正方形图片将被压缩到一个 4×64×64 的隐式表征上。

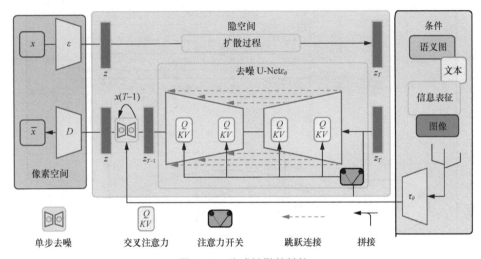

图 6-2　隐式扩散的结构

通过在隐式表征（而不是完整图像）上进行扩散，我们可以在使用更少的内存的同时减少 UNet 网络层数并加速图片的生成。与此同时，我们仍能把结果输入 VAE 的解码器，从而解码得到高分辨率图像。隐式表征极大降低了训练和推理成本。

6.1.2　以文本为生成条件

前面的章节展示了如何将额外信息输入 UNet 网络，以便我们能够对生成的图像进行额外的控制，我们将这种方法称为条件生成。对于给定的"带噪"图像，我们可以使模型基于额外线索（如类别标签或 Stable Diffusion 中的文字描述）来预测"去噪"后的图像。在推理阶段，我们可以输入期望图像的文本描述，并将纯噪声数据作为起点，然后模型便开始全力对噪声输入进行"去噪"，从而生成能够匹配文本描述的图像。图 6-3 展示了文本编码过程：将输入的文本提示语转换为一系列的文本嵌入（即图 6-3 中的 ENCODER_HIDDEN_STATES），然后输入 UNet 网络作为生成条件。

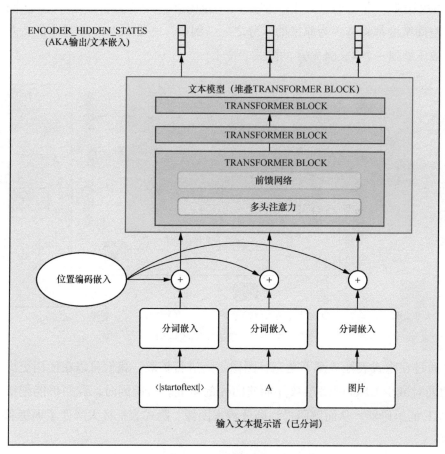

图 6-3　文本编码过程

为了达到这个目的，我们首先需要为文本创建数值表示形式，以便获取文字描述的相关信息。为此，Stable Diffusion 使用了一个名为 CLIP 的预训练 Transformer 模型。CLIP 的文本编码器会将文本描述转换为特征向量，该特征向量可用于与图像特征向量进行相似度比较。因此，CLIP 非常适合从文本描述中为图像创建有用的表征信息。输入的文本提示语首先会被分词（也就是基于一个很大的词汇库，将句子中的词语或短语转换为一个一个的 token），然后被输入 CLIP 的文本编码器，从而为每个 token（分词）产生一个 768 维（针对 Stable Diffusion 1.x 版本）或 1024

维（针对 Stable Diffusion 2.x 版本）的向量。为了使输入格式一致，文本提示语总是被补全或截断为 77 个 token，因此每个文本提示语最终在作为生成条件的表示形式时都是一个形状为 77×1024 的张量。

那么，我们如何才能实际地将这些条件信息输入 UNet 网络以进行预测呢？答案是使用交叉注意力（cross-attention）机制。交叉注意力层贯穿了整个 UNet 网络结构，UNet 网络中的每个空间位置都可以"注意"到文字条件中不同的 token，以便从文本提示语中获取不同位置的相互关联信息。图 6-4 展示了文本条件信息（以及基于时间步的条件）是如何在不同位置被输入的。你可以看到，UNet 网络的每一层都有机会利用这些条件信息！

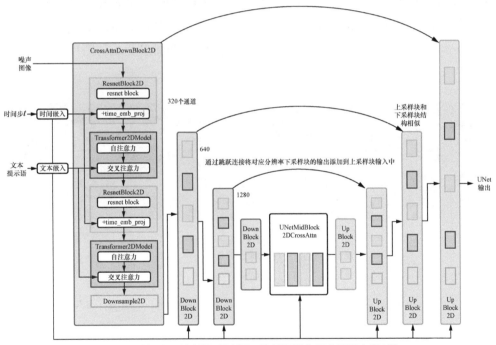

图 6-4　条件生成

6.1.3　无分类器引导

然而很多时候，即使我们付出了很多努力来尽可能让文本成为生成条件，但模型仍然会在预测时更多地基于"带噪"的输入图像而不是文字。在某种程度上，这其实是可以解释通的，因为很多说明文字和与之关联的图片的相关性很弱，所以模型会学着不去过度依赖于文字描述！但这并不是我们期望的结果，如果模型不遵从文本提示语，那么我们很有可能得到与文字描述根本不相关的图片。

为了解决这一问题，我们可以使用一个小技巧——无分类器引导（Classifier-Free Guidance，CFG）。在训练时，我们时不时把文字条件置空，强制模型去学习如何在无文字信息的情况下对图片"去噪"（无条件生成）。在推理阶段，我们分别进行了两个预测：一个有文字条件，另一个则没有文字条件。这样我们就可以利用两者的差异来建立一个最终结合版的预测了，并使最终结果在文本条件预测所指明的方向上依据一个缩放系数（即引导尺度）"走得更远"，我们希望最终生成一个能更好地匹配文本提示语的结果。图 6-5 展示了在同一文本提示语下使用不同的引导尺度得到的不同结果，你可以看到，更大的引导尺度能让生成的图片更接近文字描述。

图 6-5　由描述 "An oil painting of a collie in a top hat" 生成的图片
（从左到右，引导尺度分别是 0、1、2、10）

6.1.4　其他类型的条件生成模型：Img2Img、Inpainting 与 Depth2Img 模型

除了将文字作为条件生成图片之外，我们还可以创建更多接收不同类型条件的 Stable Diffusion 图片生成模型，比如图片到图片、图片的部分掩膜（mask）到图片以及深度图到图片的转换模型，这些模型分别使用图片本身、图片掩膜、图片深度信息作为条件来生成最终的图片。这使得在推理阶段，我们可以给模型输入目标图片的这些条件信息，以此来让模型生成一张符合对应条件的图片。

Img2Img 用于图片到图片的转换，包括多种类型，如风格转换（从照片风格转换为动漫风格）和图片超分辨率（给定一张低分辨率图片，让模型生成对应的高分辨率图片，就像 Stable Diffusion Upscaler 那样）。Inpainting 又称图片修复，用于图片的部分掩膜到图片的转换，模型会根据掩膜的区域信息和掩膜之外的全局结构信息，用掩膜区域生成连贯的图片，而掩膜区域之外则与原图保持一致。类似地，Depth2Img 将图片的深度图作为条件，模型会生成与深度图本身相似的具有全局结构的图片。例如，以一个输入人物深度图作为条件，此时模型会生成类似的人物结构图片，如图 6-6 所示。

图 6-6　基于深度图的 Stable Diffusion 模型可以根据同一全局结构生成不同的图片
（示例来自 Stability AI）

6.1.5　使用 DreamBooth 进行微调

DreamBooth 可以用来微调文字到图像的生成模型，并教会模型一些新的概念，比如某一特定物体或风格。DreamBooth 最初是为 Google 的 Imagen Model 开发的，但它很快就被应用到 Stable Diffusion 中，效果十分惊艳（如果你最近在社交媒体上看到使用 AI 生成的头像，那么这些头像很有可能是由基于 DreamBooth 的服务生成的）。DreamBooth 是一种个性化训练一个文本到图像模型的方法，例如本书使用的稳定扩散模型就可以用它进行微调。只需要给出一个主题的 3～5 张图像，它就能"教会"模型有关这个主题的各种概念，从而在不同的场景和视图中生成与这个主题相关的图像。这使得 Dreambooth 成为一款方便、灵活且具有创造力的工具。但是 DreamBooth 对各种设置十分敏感，所以请你认真学习本章中的相关代码，并通过阅读 DreamBooth 的相关资料来获取参考信息，以便让模型尽可能发挥作用。

6.2 环境准备

首先安装必要的 Python 库，代码如下：

```
!pip install -Uq diffusers ftfy accelerate
```

在安装 Diffusers 库时，请安装其最新版本，因为我们需要使用最新的 Stable Diffusion 模型，代码如下：

```
!pip install -Uq git+https://github.com/huggingface/transformers
```

接下来是代码部分：

```python
import torch
import requests
from PIL import Image
from io import BytesIO
from matplotlib import pyplot as plt

# 这次要探索的管线比较多
from diffusers import (
    StableDiffusionPipeline,
    StableDiffusionImg2ImgPipeline,
    StableDiffusionInpaintPipeline,
    StableDiffusionDepth2ImgPipeline
    )

# 因为要用到的展示图片较多，所以我们写了一个用于下载图片的函数
def download_image(url):
    response = requests.get(url)
    return Image.open(BytesIO(response.content)).convert("RGB")

# Inpainting 需要用到的图片
img_url = "https://raw.githubusercontent.com/CompVis/latent-
    diffusion/main/data/inpainting_examples/overture-creations-
    5sI6fQgYIuo.png"
mask_url = "https://raw.githubusercontent.com/CompVis/latent-
    diffusion/main/data/ inpainting_examples/overture-creations-
    5sI6fQgYIuo_mask.png"

init_image = download_image(img_url).resize((512, 512))
mask_image = download_image(mask_url).resize((512, 512))
```

```
device = (
    "mps"
    if torch.backends.mps.is_available()
    else "cuda"
    if torch.cuda.is_available()
    else "cpu"
)
```

6.3 从文本生成图像

首先载入 Stable Diffusion 的管线。现有的 Stable Diffusion 有很多不同的版本，截至本书完成时，最新版本是 Stable Diffusion 2.1。如果想修改版本，只需要在 model_id 处进行修改即可（比如，你可以尝试将 model_id 改成 CompVis/stable-diffusion-v1-4，也可以从 DreamBooth Concepts Library 中选择一个模型）。

```
# 载入管线
model_id = "stabilityai/stable-diffusion-2-1-base"
pipe = StableDiffusionPipeline.from_pretrained(model_id).to(device)
```

如果 GPU 显存不足，你可以尝试通过如下方法减少对 GPU 显存的使用。
- 载入FP16精度版本（并非所有系统都支持），此时你需要保证所有张量都是torch.float16精度的，代码如下：

```
pipe = StableDiffusionPipeline.from_pretrained(model_id,
    revision="fp16",torch_dtype=torch.float16).to(device)
```

- 开启注意力切分功能，旨在通过降低速度来减少GPU显存的使用，代码如下：

```
pipe.enable_attention_slicing()
```

- 减小所生成图片的尺寸。

管线加载完毕后，我们可以通过如下代码，利用文本提示语生成图片：

```
# 给生成器设置一个随机种子，这样可以保证结果的可复现性
generator = torch.Generator(device=device).manual_seed(42)

# 运行这个管线
pipe_output = pipe(
```

```
    prompt="Palette knife painting of an autumn cityscape",
    # 提示文字：哪些要生成
    negative_prompt="Oversaturated, blurry, low quality",
    # 提示文字：哪些不要生成
    height=480, width=640,           # 定义所生成图片的尺寸
    guidance_scale=8,                # 提示文字的影响程度
    num_inference_steps=35,          # 定义一次生成需要多少个推理步骤
    generator=generator              # 设定随机种子的生成器
)

# 查看生成结果，如图 6-7 所示
pipe_output.images[0]
```

图 6-7　Stable Diffusion 的生成结果

练习 6-1：基于上述代码进行实践，使用自己的文本提示语，反复调整各项设置，看看这些设置是如何影响生成结果的。你还可以尝试不同的随机操作，比如移除输入参数 generator，看看生成结果有何不同。

主要的调节参数如下。

- width 和 height 用于指定所生成图片的尺寸，注意它们必须是能被8整除的数字，因为只有这样，VAE才能正常工作（原因稍后介绍）。

- 步数num_inference_steps也会影响所生成图片的质量，采用默认设置50即可，你也可以尝试将其设置为20并观察效果。
- negative_prompt用于强调不希望生成的内容，这个参数一般在无分类器引导的情况下使用。这种添加额外控制的方式特别有效：列出一些不想要的特征，以帮助生成更好的结果。
- guidance_scale 决定了无分类器引导的影响强度。增大这个参数可以使生成的内容更接近给出的文本提示语；但如果该参数过大，则可能导致结果过于饱和，不美观。

如果想为文本提示语寻找灵感，你可以上网搜索 Stable Diffusion Prompt Book 来获取启发。

以下代码能加大guidance_scale参数的作用，效果如图6-8所示。

```
cfg_scales = [1.1, 8, 12]
prompt = "A collie with a pink hat"
fig, axs = plt.subplots(1, len(cfg_scales), figsize=(16, 5))
for i, ax in enumerate(axs):
    im = pipe(prompt, height=480, width=480,
        guidance_scale=cfg_scales[i], num_inference_steps=35,
        generator=torch.Generator(device=device).manual_seed(42)).
            images[0]
    ax.imshow(im); ax.set_title(f'CFG Scale {cfg_scales[i]}')
```

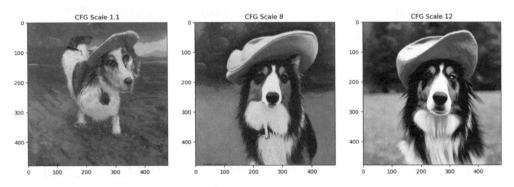

图 6-8　加大 guidance_scale 参数的作用的效果图

当然，我们对这些参数的解读是很主观的，但总的来说，将它们的值设置成 8~12 是不错的选择。

6.4 Stable Diffusion Pipeline

Stable Diffusion Pipeline 相比 DDPMPipeline 要复杂一些。除了 UNet 网络和调度器之外，Stable Diffusion Pipeline 还有很多其他的组成部分。我们可以通过运行如下代码来查看 Stable Diffusion Pipeline 的组成部分：

```
print(list(pipe.components.keys()))
```

代码输出内容如下：

```
['vae','text_encoder','tokenizer','unet','scheduler',
'safety_checker','feature_extractor']
```

为了更好地理解管线如何工作，我们首先需要逐个了解管线的组成部分，然后用代码加以实现，并将它们组合在一起，以复现整个管线的功能。同时，我们还需要注意一些代码细节。

6.4.1 可变分自编码器

可变分自编码器（VAE）是一种模型，它的结构如图 6-9 所示。VAE 可以对输入图像进行编码，得到"压缩过"的信息，之后再解码"隐式的"压缩信息，得到接近输入的输出。在使用 Stable Diffusion 生成图片时，我们首先需要在 VAE 的"隐空间"中应用扩散过程以生成隐编码，然后在结尾对它们进行解码，得到最终的输出。因此，UNet 网络的输入不是完整的图片，而是缩小版的特征，这样可以极大地减少对计算资源的使用。

图 6-9　VAE 的结构

如下代码首先使用 VAE 将输入图像编码成隐式表示形式，然后执行解码操作：

```python
# 创建取值区间为 (-1, 1) 的伪数据
images = torch.rand(1, 3, 512, 512).to(device) * 2 - 1
print("Input images shape:", images.shape)

# 编码到隐空间
with torch.no_grad():
    latents = 0.18215 * pipe.vae.encode(images).latent_dist.mean
print("Encoded latents shape:", latents.shape)

# 再解码回来
with torch.no_grad():
    decoded_images = pipe.vae.decode(latents / 0.18215).sample
print("Decoded images shape:", decoded_images.shape)
```

代码输出内容如下:

```
Input images shape: torch.Size([1, 3, 512, 512])
Encoded latents shape: torch.Size([1, 4, 64, 64])
Decoded images shape: torch.Size([1, 3, 512, 512])
```

在这个示例中，原本 512×512 像素的图片被压缩成 64×64 的隐式表示形式（有 4 个通道）。图片的每个空间维度都被压缩至原来的八分之一，正因为如此，我们在设定参数 width 和 height 时，需要将它们设置成 8 的倍数。

使用这些信息量充足的 4×64×64 的隐编码比使用 512×512 像素的图片更高效，这样做还能让扩散模型的运行速度更快，并使用更少的资源进行训练和应用。VAE 的解码过程并不完美，虽然图像质量有所损失，但总的来说已经足够好了。

注意: 上面的代码示例包含一个值为 0.18215 的缩放因子，旨在适配 Stable Diffusion 训练时的处理流程。

6.4.2 分词器和文本编码器

文本编码器（见图 6-10）的作用是将输入的字符串（文本提示语）转换成数值表示形式，这样才能将其输入 UNet 网络作为条件。文本则被管线中的分词器（tokenizer）转换成一系列的 token（分词）。文本编码器有大约 5 万个分词的词汇量，它可以将一条长句子分解为一个一个的最小文本单元，这些最小文本单元称为 token。在英语中，一个单词通常可以看作一个分词；而在中文中，一个或多个汉

字组成的词语才是一个分词。这些分词的词嵌入将被输入文本编码器。这里我们直接使用 CLIP 的文本编码器，这个预训练 Transformer 模型有着很好的表征能力，能把文本映射到对应的特征空间。

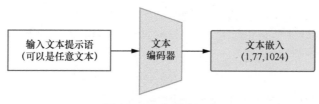

图 6-10　文本编码器

下面我们通过对文本描述进行编码来验证这个过程。首先手动分词，并将分词结果输入文本编码器；然后使用管线的 _encode_prompt 方法调用这个编码过程，其间补全或截断分词串的长度；最后使得分词串的长度等于最大长度 77。代码如下：

```
# 手动对提示文字进行分词和编码
# 分词
input_ids = pipe.tokenizer(["A painting of a flooble"])['input_ids']
print("Input ID -> decoded token")
for input_id in input_ids[0]:
    print(f"{input_id} -> {pipe.tokenizer.decode(input_id)}")

# 将分词结果输入 CLIP
input_ids = torch.tensor(input_ids).to(device)
with torch.no_grad():
    text_embeddings = pipe.text_encoder(input_ids)['last_hidden_state']
print("Text embeddings shape:", text_embeddings.shape)
```

上述代码的输出内容如下：

```
Input ID -> decoded token
49406 -> <|startoftext|>
320 -> a
3086 -> painting
539 -> of
320 -> a
4062 -> floo
1059 -> ble
49407 -> <|endoftext|>
Text embeddings shape: torch.Size([1, 8, 1024])
```

接下来，我们需要获取最终的文本特征，代码如下：

```
text_embeddings = pipe._encode_prompt("A painting of a flooble",
    device, 1, False, '')
```

如果想要输出 text_embedings 的形状，则可以执行如下代码：

```
torch.Size([1, 77, 1024])
```

文本嵌入（text embedding）是指文本编码器中最后一个 Transformer 模块的"隐状态"（hidden state），它们将作为 UNet 网络中 forward() 函数的一个额外输入。

6.4.3　UNet 网络

在扩散模型中，UNet 网络的作用是接收"带噪"的输入并预测噪声，以实现"去噪"。UNet 网络的结构如图 6-11 所示。不同于前面的示例，此处输入模型的并非图片，而是图片的隐式表示形式。此外，除了将用于暗示"带噪"程度的时间步作为条件输入 UNet 网络之外，模型还将文本提示语的文本嵌入也作为 UNet 网络的输入。

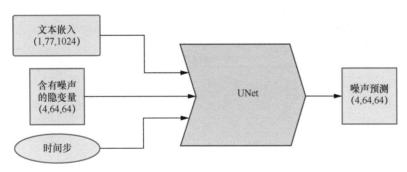

图 6-11　UNet 网络的结构

可以使用伪输入让模型进行预测。在此过程中请留意各个输入输出的形状和大小，代码如下：

```
# 创建伪输入
timestep = pipe.scheduler.timesteps[0]
latents = torch.randn(1, 4, 64, 64).to(device)
text_embeddings = torch.randn(1, 77, 1024).to(device)

# 让模型进行预测
```

```
with torch.no_grad():
    unet_output = pipe.unet(latents, timestep, text_embeddings).sample
print('UNet output shape:', unet_output.shape)
```

代码输出内容如下：

```
UNet output shape: torch.Size([1, 4, 64, 64])
```

6.4.4　调度器

调度器保存了关于如何添加噪声的信息，并管理如何基于模型的预测更新"带噪"样本。默认的调度器是 PNDMScheduler，但你也可以使用其他调度器，如 LMSDiscreteScheduler，只需要使用相同的配置进行初始化即可。

我们可以通过绘制图片来观察在添加噪声的过程中噪声水平（基于参数 $\bar{\alpha}$）随着时间步增加的变化趋势，代码如下，效果如图 6-12 所示。

```
plt.plot(pipe.scheduler.alphas_cumprod, label=r'$\bar{\alpha}$')
plt.xlabel('Timestep (high noise to low noise ->)')
plt.title('Noise schedule')
plt.legend()
```

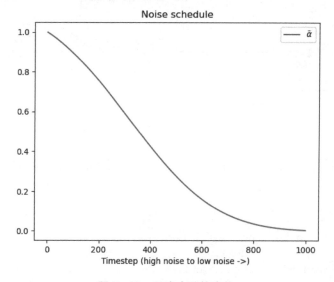

图 6-12　噪声水平的变化

如果你想尝试不同的调度器，可参考下面的代码进行修改：

```python
from diffusers import LMSDiscreteScheduler

# 替换原来的调度器
pipe.scheduler = LMSDiscreteScheduler.from_config(pipe.scheduler.config)

# 输出配置参数
print('Scheduler config:', pipe.scheduler)

# 使用新的调度器生成图片
pipe(prompt="Palette knife painting of an winter cityscape",
    height=480, width=480, generator=torch.Generator(device=device).
    manual_seed(42)).images[0]
```

上述代码输出的配置参数如下：

```
Scheduler config: LMSDiscreteScheduler {
  "_class_name": "LMSDiscreteScheduler",
  "_diffusers_version": "0.11.1",
  "beta_end": 0.012,
  "beta_schedule": "scaled_linear",
  "beta_start": 0.00085,
  "clip_sample": false,
  "num_train_timesteps": 1000,
  "prediction_type": "epsilon",
  "set_alpha_to_one": false,
  "skip_prk_steps": true,
  "steps_offset": 1,
  "trained_betas": null
}
```

生成结果如图 6-13 所示。

你还可以参考 Hugging Face 网站上的相关文档，以了解关于如何使用不同调度器的更多信息。

图 6-13　生成结果

6.4.5　DIY采样循环

现在，我们已经逐个学习了管线的不同组成部分，接下来我们可以将它们组合在一起，复现整个管线的功能，代码如下：

```
guidance_scale = 8
num_inference_steps=30
prompt = "Beautiful picture of a wave breaking"
negative_prompt = "zoomed in, blurry, oversaturated, warped"

# 对提示文字进行编码
text_embeddings = pipe._encode_prompt(prompt, device, 1, True,
    negative_prompt)
```

```python
# 创建随机噪声作为起点
latents = torch.randn((1, 4, 64, 64), device=device, generator=generator)
latents *= pipe.scheduler.init_noise_sigma

# 准备调度器
pipe.scheduler.set_timesteps(num_inference_steps, device=device)

# 生成过程开始
for i, t in enumerate(pipe.scheduler.timesteps):

    latent_model_input = torch.cat([latents] * 2)

    latent_model_input = pipe.scheduler.scale_model_input(
        latent_model_input, t)

    with torch.no_grad():
        noise_pred = pipe.unet(latent_model_input, t,
            encoder_hidden_states=text_embeddings).sample

    noise_pred_uncond, noise_pred_text = noise_pred.chunk(2)
    noise_pred = noise_pred_uncond + guidance_scale * \
        (noise_pred_text - noise_pred_uncond)

    latents = pipe.scheduler.step(noise_pred, t, latents).prev_sample

# 将隐变量映射到图片，效果如图 6-14 所示
with torch.no_grad():
    image = pipe.decode_latents(latents.detach())

pipe.numpy_to_pil(image)[0]
```

当然，在大多数情况下，还是使用现有的管线更为方便。如果想进一步学习实际的代码并深入了解如何修改管线的组成部分，可以参考 GitHub 网站上的"深入理解 Stable Diffusion"，其中对相关内容进行了更深入的探究。

图 6-14 生成结果

6.5 其他管线介绍

除了通过文本提示语生成图片之外,我们还可以做什么呢?我们可以做的还有很多。接下来,我们将介绍其他几个管线,以便你了解 Stable Diffusion 的其他应用。

6.5.1 Img2Img

到目前为止,我们的图片仍然是从完全随机的隐变量开始生成的,并且也都使用了完整的扩散模型采样循环。但是,如果我们使用 Img2Img 管线,就不必从头开始了。Img2Img 管线首先会对一张已有的图片进行编码,在得到一系列的隐变量后,就在这些隐变量上随机添加噪声,并以此作为起点。噪声的数量和"去噪"所需的步数决定了 Img2Img 过程的"强度"。添加少量噪声(低强度)只会带来微小的变化,而添加大量噪声并执行完整的"去噪"过程则会生成几乎完全不像原始图片的图像,该图像可能仅仅在整体结构上与原始图片有相似之处。

Img2Img 管线不需要任何特殊的模型,而只需要与文字到图像模型相同的模型ID,无须下载新文件。首先载入 Img2Img 管线,代码如下:

```
# 载入 Img2Img 管线
model_id = "stabilityai/stable-diffusion-2-1-base"
img2img_pipe = StableDiffusionImg2ImgPipeline.from_pretrained(
    model_id).to(device)
```

Img2Img 管线的代码如下:

```
result_image = img2img_pipe(
    prompt="An oil painting of a man on a bench",
    image = init_image, # 输入待编辑图片
    strength = 0.6, # 当设为0时文本提示完全不起作用,当设为1时作用强度最大
).images[0]

# 显示结果
fig, axs = plt.subplots(1, 2, figsize=(12, 5))
axs[0].imshow(init_image);axs[0].set_title('Input Image')
axs[1].imshow(result_image);axs[1].set_title('Result')
```

上述代码的输出结果如图 6-15 所示。

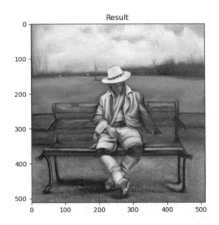

图 6-15 Img2Img 管线的输出结果

练习 6-2：使用 Img2Img 管线进行实验，尝试使用自己的图片或者不同的强度和文本提示语，同时你也可以尝试不同的图片尺寸和生成步数，观察不同的设置会对生成结果产生什么样的影响。

6.5.2 Inpainting

对于一张图片，如果想保留其中的一部分不变，同时在其他部分生成新的内容，该怎么办呢？我们可以使用一种名为 Inpainting 的新技术来解决这个问题，Inpainting UNet 的结构如图 6-16 所示。

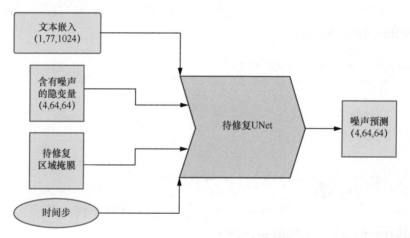

图 6-16　Inpainting UNet 的结构

虽然可以使用 StableDiffusionInpaintPipelineLegacy 管线来解决这个问题，但实际上还有更简单的选择。这里的 Stable Diffusion 模型可以接收一张掩模图片作为额外条件输入，这张掩模图片需要与输入图片在尺寸上保持一致，白色区域表示要替换的部分，黑色区域表示要保留的部分。以下代码展示了如何载入 StableDiffusionInpaintPipelineLegacy 管线并将其应用于前面载入的示例图片和掩模图片：

```
pipe = StableDiffusionInpaintPipeline.from_pretrained("runwayml/
    stable-diffusion-inpainting")
pipe = pipe.to(device)
# 添加提示文字，用于让模型知道补全图像时使用什么内容
prompt = "A small robot, high resolution, sitting on a park bench"
image = pipe(prompt=prompt, image=init_image,
```

```
        mask_image=mask_image).images[0]

# 查看结果，如图 6-17 所示
fig, axs = plt.subplots(1, 3, figsize=(16, 5))
axs[0].imshow(init_image);axs[0].set_title('Input Image')
axs[1].imshow(mask_image);axs[1].set_title('Mask')
axs[2].imshow(image);axs[2].set_title('Result')
```

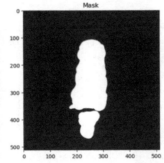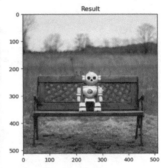

图 6-17　图像补全效果

当和其他可以自动生成掩模的模型相结合时，这个模型就会变得相当强大。例如，Hugging Face Spaces 上的一个示例 Space 应用就使用了一个名为 CLIPSeg 的模型，旨在根据文字描述自动地通过掩模去掉一个物体。

另外，你还需要注意管理自己的模型，避免磁盘容量不足。我们通过 Diffusers 下载的模型一般位于计算机的 ~/.cache/huggingface/diffusers 文件夹中。

6.5.3　Depth2Image

Img2Img 管线已经很厉害了，但有时我们可能还想保留原始图片的整体结构。但是，对于使用不同的颜色或纹理生成新图片，保留图片的整体结构而不保留原有颜色，是很难通过调节 Img2Img 过程的"强度"来实现的。

此时就需要使用另一种微调模型了，这种微调模型需要输入额外的深度信息作为生成条件。相应的管线则使用 Depth2Img 管线，它采用深度预测模型来预测一个深度图，这个深度图被输入微调过的 UNet 网络以生成图片。我们希望生成的图片既能保留原始图片的深度信息和总体结构，同时又能在相关部分填入全新的内容。代码如下：

```python
# 载入 Depth2Img 管线
pipe = StableDiffusionDepth2ImgPipeline.from_pretrained
    ("stabilityai/stable-diffusion-2-depth")
pipe = pipe.to(device)
# 使用提示文字进行图像补全
prompt = "An oil painting of a man on a bench"
image = pipe(prompt=prompt, image=init_image).images[0]

# 查看结果，如图 6-18 所示
fig, axs = plt.subplots(1, 2, figsize=(16, 5))
axs[0].imshow(init_image);axs[0].set_title('Input Image')
axs[1].imshow(image);axs[1].set_title('Result')
```

图 6-18　Depth2Img 管线的生成结果

对比图 6-16 和图 6-18，Depth2Img 管线的生成结果拥有更丰富的色彩变化，同时所生成图片的整体结构也更忠于原始图片。这个示例其实不够理想，为了匹配狗的形状，所生成图片中的人有着怪异的身体构造。但在某些场景下，这种技术还是相当有用的，比如在利用深度模型给 3D 场景加入纹理时。

6.6　本章小结

在本章中，我们首先见识了 Stable Diffusion 的强大生成能力，而后探究了 Stable Diffusion Pipeline 的各个组成部分，并动手实现了一个完整的管线。最后，我们还见识了 Stable Diffusion 的拓展应用。通过本章的学习，我们希望你能够创造出属于自己的 Stable Diffusion 应用模型并与我们分享。

第 7 章 DDIM 反转

在本章中,我们将探索反转的作用,看看它是如何影响采样过程的,并将其应用到扩散模型的图像编辑功能中。

本章涵盖的知识点如下。
- DDIM 采样的工作原理。
- 确定性采样与随机性采样的比较。
- DDIM 反转的理论支持。
- 使用反转来编辑图像。

7.1 实战:反转

7.1.1 配置

首先安装所需的库并且配置环境,代码如下:

```
# !pip install -q transformers diffusers accelerate
import torch
import requests
import torch.nn as nn
import torch.nn.functional as F
from PIL import Image
from io import BytesIO
from tqdm.auto import tqdm
from matplotlib import pyplot as plt
from torchvision import transforms as tfms
from diffusers import StableDiffusionPipeline, DDIMScheduler
# 定义接下来将要用到的函数
def load_image(url, size=None):
    response = requests.get(url,timeout=0.2)
```

```python
        img = Image.open(BytesIO(response.content)).convert('RGB')
    if size is not None:
        img = img.resize(size)
    return img
device = torch.device("cuda" if torch.cuda.is_available() else "cpu")
```

7.1.2 载入一个预训练过的管线

环境配置完成后,我们首先需要使用 Stable Diffusion Pipeline 加载预训练模型并配置 DDIM 调度器,而后对预训练模型进行一次采样,代码如下:

```python
# 载入一个管线
pipe = StableDiffusionPipeline.from_pretrained("runwayml/stable-
    diffusion-v1-5").to(device)
# 配置 DDIM 调度器
pipe.scheduler = DDIMScheduler.from_config(pipe.scheduler.config)
# 从中采样一次,以保证代码运行正常
prompt = 'Beautiful DSLR Photograph of a penguin on the beach, 
          golden hour'
negative_prompt = 'blurry, ugly, stock photo'
im = pipe(prompt, negative_prompt=negative_prompt).images[0]
im.resize((256, 256)) # 调整至有利于查看的尺寸
```

采样结果如图 7-1 所示。

图 7-1 采样结果

7.1.3 DDIM采样

在给定时刻 t，带有噪声的图像 x_t 是通过对原始图像 x_0 加上高斯噪声 ϵ 得到的。DDIM 论文给出了 x_t 的定义公式：

$$x_t = \sqrt{\alpha_t}\, x_0 + \sqrt{1-\alpha_t}\, \epsilon$$

其中，ϵ 是方差归一化后的高斯噪声，α_t 在 DDPM 论文中被称为 $\bar{\alpha}$，并被用于定义噪声调度器。在扩散模型中，α 被计算并排序存储在 scheduler.alphas_cumprod 中。这可能有些令人困惑，但请不要担心，我们将对 α 值进行绘制，并在后面内容中采用 DDIM 的标注方式。代码如下：

```
# 绘制'alpha'。'alpha'（即α）在DDPM论文中被称为'alpha bar'（即ᾱ）
# 为了能够清晰地表现出来，我们选择使用Diffusers中的alphas_cumprod函数来
# 得到alphas
timesteps = pipe.scheduler.timesteps.cpu()
alphas = pipe.scheduler.alphas_cumprod[timesteps]
plt.plot(timesteps, alphas, label='alpha_t');
plt.legend();
```

噪声曲线如图 7-2 所示。从中可以看出，噪声曲线（在时间步 0）是从一幅无噪的干净图像开始的，此时 α_t=1。在到达更高的时间步后，便得到一幅几乎全是噪声的图像，α_t 也几乎下降到 0。

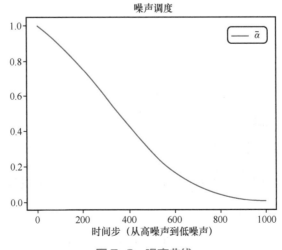

图 7-2 噪声曲线

在采样过程中，我们选择从时间步 1000 的纯噪声开始，慢慢向着时间步 0 前进。为了计算采样轨迹中下一个时刻的值 x_{t-1}（因为是从后向前移动的），我们首先需要得到预测噪声 $\epsilon_\theta(x_t)$（这是模型的输出），然后用它预测不带噪声的图像 x_0。接下来，我们朝着"反转"的方向移动一步。最后，我们可以加上一些带有 σ_t 系数的额外噪声。图 7-3 展示了 DDIM 论文中与上述操作相关的内容。

4.1 DENOISING DIFFUSION IMPLICIT MODELS

From $p_\theta(x_{1:T})$ in Eq. (10), one can generate a sample x_{t-1} from a sample x_t via:

$$x_{t-1} = \sqrt{\alpha_{t-1}} \underbrace{\left(\frac{x_t - \sqrt{1-\alpha_t}\epsilon_\theta^{(t)}(x_t)}{\sqrt{\alpha_t}}\right)}_{\text{"predicted }x_0\text{"}} + \underbrace{\sqrt{1-\alpha_{t-1}-\sigma_t^2} \cdot \epsilon_\theta^{(t)}(x_t)}_{\text{"direction pointing to }x_t\text{"}} + \underbrace{\sigma_t \epsilon_t}_{\text{random noise}} \quad (12)$$

where $\epsilon_t \sim \mathcal{N}(0, I)$ is standard Gaussian noise independent of x_t, and we define $\alpha_0 := 1$. Different choices of σ values results in different generative processes, all while using the same model ϵ_θ, so re-training the model is unnecessary. When $\sigma_t = \sqrt{(1-\alpha_{t-1})/(1-\alpha_t)}\sqrt{1-\alpha_t/\alpha_{t-1}}$ for all t, the forward process becomes Markovian, and the generative process becomes a DDPM.

We note another special case when $\sigma_t = 0$ for all t[5]; the forward process becomes deterministic given x_{t-1} and x_0, except for $t = 1$; in the generative process, the coefficient before the random noise ϵ_t becomes zero. The resulting model becomes an implicit probabilistic model (Mohamed & Lakshminarayanan, 2016), where samples are generated from latent variables with a fixed procedure (from x_T to x_0). We name this the *denoising diffusion implicit model* (DDIM, pronounced /d:ɪm/), because it is an implicit probabilistic model trained with the DDPM objective (despite the forward process no longer being a diffusion).

图 7-3 DDIM 论文节选

译文如下：

"根据式（10）中的 $p_\theta(x_{1:T})$，我们可以通过式（12）从 x_t 推导出 x_{t-1}，其中 $\epsilon_t \sim \mathcal{N}(0, I)$ 是独立于 x_t 的标准高斯噪声，并且我们定义 α_0=1。使用不同的 σ 值会导致不同的生成过程，因为同时使用了相同的模型 ϵ_θ，所以不需要重新训练模型。对于所有时刻 t，当 $\sigma_t = \sqrt{(1-\alpha_{t-1})/(1-\alpha_t)}\sqrt{1-\alpha_t/\alpha_{t-1}}$ 时，前向过程将变成马尔可夫过程，生成过程变成 DDPM。

我们还注意到另一个特殊情况，即对于几乎所有时刻（t=1 除外）的 σ_t=0，前

向过程在给定 x_{t-1} 和 x_0 的情况下变得更加确定；在生成过程中，随机噪声 ϵ_t 前面的系数变为 0。得到的模型变成隐式概率模型（Mohamed & Lakshminarayanan，2016），其中的样本是根据固定的过程从隐变量生成的（从 x_T 到 x_0）。我们将这个模型命名为'去噪扩散隐式模型'（Denoising Diffusion Implicit Model，DDIM），因为它是一个使用 DDPM 目标进行训练的隐式概率模型（尽管前向过程不再是扩散过程）。"

由于我们现在已经有了可控量度的噪声，以及可以从 x_t 推导出 x_{t-1} 的公式，因此接下来的示例不需要额外添加噪声，即可实现完全确定的 DDIM 采样。我们来看看如何用代码表达这些内容，代码如下：

```python
# 采样函数（标准的 DDIM 采样）
@torch.no_grad()
def sample(prompt, start_step=0, start_latents=None,
           guidance_scale=3.5, num_inference_steps=30,
           num_images_per_prompt=1, do_classifier_free_guidance=True,
           negative_prompt='', device=device):
    # 对文本提示语进行编码
    text_embeddings = pipe._encode_prompt(
        prompt, device, num_images_per_prompt,
        do_classifier_free_guidance, negative_prompt
    )
    # 配置推理的步数
    pipe.scheduler.set_timesteps(num_inference_steps, device=device)

    # 如果没有起点，就创建一个随机的起点
    if start_latents is None:
        start_latents = torch.randn(1, 4, 64, 64, device=device)
        start_latents *= pipe.scheduler.init_noise_sigma

    latents = start_latents.clone()

    for i in tqdm(range(start_step, num_inference_steps)):

        t = pipe.scheduler.timesteps[i]
        # 如果正在进行 CFG，则对隐式层进行扩展
        latent_model_input = torch.cat([latents] * 2)
            if do_classifier_free_guidance else latents
        latent_model_input = pipe.scheduler.scale_model_input(latent_
```

```
            model_input, t)
    # 预测残留的噪声
        noise_pred = pipe.unet(latent_model_input, t, encoder_hidden_
            states=text_embeddings).sample
    # 进行引导
        if do_classifier_free_guidance:
            noise_pred_uncond, noise_pred_text = noise_pred.chunk(2)
            noise_pred = noise_pred_uncond + guidance_scale *
                (noise_pred_text - noise_pred_uncond)

    # 使用调度器更新步骤
        # latents = pipe.scheduler.step(noise_pred, t, latents).
            # prev_sample
        # 现在不用调度器,而是自行实现
        prev_t = max(1, t.item() - (1000//num_inference_steps)) # t-1
        alpha_t = pipe.scheduler.alphas_cumprod[t.item()]
        alpha_t_prev = pipe.scheduler.alphas_cumprod[prev_t]
        predicted_x0 = (latents - (1-alpha_t).sqrt()*noise_pred) /
            alpha_t.sqrt()
        direction_pointing_to_xt = (1-alpha_t_prev).sqrt()*noise_
            pred
        latents = alpha_t_prev.sqrt()*predicted_x0 + direction_
            pointing_to_xt
    # 后处理

        images = pipe.decode_latents(latents)
        images = pipe.numpy_to_pil(images)

        return images
# 生成一张图片,测试一下采样函数,效果如图7-4所示
sample('Watercolor painting of a beach sunset', negative_prompt=
    negative_prompt, num_inference_steps=50)[0].resize((256, 256))
```

思考一下,你能把这些代码和DDIM论文中的公式对应起来吗?注意,因为我们只关注没有额外噪声的情况,所以在公式中省略了 $\sigma = 0$。

图 7-4 采样函数的测试效果

7.1.4 反转

反转的目标是"颠倒"采样的过程。我们最终想得到"带噪"的隐式表示，如果将其用作正常采样过程的起点，那么生成的将是原始图像。

你需要加载原始图像，当然，你也可以生成一幅图像来代替，代码如下：

```
# 图片来源：https://www.pexels.com/photo/a-beagle-on-green-grass-
    # field-8306128/（代码中使用对应的 JPEG 文件链接）
input_image = load_image('https://images.pexels.com/photos/
    8306128/pexels-photo-8306128.jpeg', size=(512, 512))
```

原始图像如图 7-5 所示。

我们可以使用一个包含无分类器引导的文本提示语来进行反转操作。首先输入图像描述，代码如下：

图 7-5　原始图像

```
input_image_prompt = "Photograph of a puppy on the grass"
```

接下来，我们可以将这幅 PIL 图像转换为一系列隐式表示，这些隐式表示将被用作反转操作的起点，代码如下：

```
# 使用 VAE 进行编码
with torch.no_grad():
    latent = pipe.vae.encode(tfms.functional.to_
    tensor(input_image).unsqueeze(0).to(device)*2-1)
l = 0.18215 * latent.latent_dist.sample()
```

下面到了有趣的部分。invert() 函数看起来与上面的 sample() 函数十分相似，但我们在时间步上是朝相反的方向移动的：从 $t = 0$ 开始，向噪声更多的方向移动，而不像在更新隐式层的过程中那样噪声越来越少。我们可以利用预测的噪声来撤回一步更新操作，并从 t 移动到 $t+1$。

```
## 反转
@torch.no_grad()
def invert(start_latents, prompt, guidance_scale=3.5,
           num_inference_steps=80,num_images_per_prompt=1,
           do_classifier_free_guidance=True, negative_prompt='',
           device=device):
    # 对提示文本进行编码
```

```python
text_embeddings = pipe._encode_prompt(
  prompt, device, num_images_per_prompt,
  do_classifier_free_guidance, negative_prompt
)
# 已经指定好起点
latents = start_latents.clone()
# 用一个列表保存反转的隐式层
intermediate_latents = []
# 配置推理的步数
pipe.scheduler.set_timesteps(num_inference_steps,device=device)
# 反转的时间步
timesteps = reversed(pipe.scheduler.timesteps)

for i in tqdm(range(1, num_inference_steps),
    total=num_inference_steps-1):
    # 跳过最后一次迭代
    if i >= num_inference_steps - 1: continue

    t = timesteps[i]
    # 如果正在进行 CFG，则对隐式层进行扩展

    latent_model_input = (torch.cat([latents] * 2) if do_
        classifier_free_guidance else latents)
    latent_model_input = pipe.scheduler.scale_model_input(
        latent_model_input, t)
    # 预测残留的噪声
    noise_pred = pipe.unet(latent_model_input, t,
        encoder_hidden_states=text_embeddings).sample
    # 进行引导
    if do_classifier_free_guidance:
        noise_pred_uncond, noise_pred_text = noise_pred.chunk(2)
        noise_pred = (noise_pred_uncond + guidance_scale *
        (noise_pred_text - noise_pred_uncond))
    current_t = max(0, t.item() - (1000//num_inference_steps))#t
    next_t = t # min(999, t.item() + (1000//num_inference_steps)) # t+1
    alpha_t = pipe.scheduler.alphas_cumprod[current_t]
    alpha_t_next = pipe.scheduler.alphas_cumprod[next_t]

    # 反转的更新步（重新排列更新步，利用 $x_{t-1}$（当前隐式层）得到 $x_t$（新的隐式层））
    latents = ((latents - (1-alpha_t).sqrt()*noise_pred)*(alpha_t_next.
      sqrt()/alpha_t.sqrt()) + (1-alpha_t_next).sqrt()*noise_pred)
    # 保存
    intermediate_latents.append(latents)
        return torch.cat(intermediate_latents)
```

将 invert() 函数应用于图 7-5 所示的小狗图片,我们便可以在反转的过程中得到图片的一系列隐式表达,代码如下:

```
inverted_latents = invert(l, input_image_prompt,num_inference_steps=50)
inverted_latents.shape
```

上述代码的输出内容如下:

```
torch.Size([48, 4, 64, 64])
```

在图 7-6 中,我们可以看到最终的隐式表达,可以将其作为起点噪声,尝试新的采样过程,代码如下:

```
# 解码反转的最后一个隐式层
with torch.no_grad():
    im = pipe.decode_latents(inverted_latents[-1].unsqueeze(0))
pipe.numpy_to_pil(im)[0]
```

图 7-6　反转过程中最后一层的隐式表达

你可以通过常规调用方法,将反转过的隐式表达传递给管线,代码如下:

```
pipe(input_image_prompt, latents=inverted_latents[-1][None],
     num_inference_steps=50, guidance_scale=3.5).images[0]
```

该方法的生成图如图 7-7 所示。针对图 7-7,我们遇到一个问题:这不是最初使用的那张图片。这是因为 DDIM 反转需要一个重要的假设——在时刻 t 预测的噪声与

在时刻 $t+1$ 预测的噪声相同,但这个假设在反转 50 步或 100 步时是不成立的。

图 7-7　生成图

我们既可以使用更多的时间步来得到更准确的反转,也可以采取"作弊"的方式,直接从相应反转过程 50 步中的第 20 步的隐式表达开始,代码如下:

```
# 设置起点的原因
start_step=20
sample(input_image_prompt, start_latents=inverted_latents[-(start_step+1)
    ][None], start_step=start_step, num_inference_steps=50)[0]
```

测试图如图 7-8 所示。

图 7-8　测试图

图 7-8 已经很接近最初的那张图片了！但为什么要这么做呢？因为我们现在想用一个新的文本提示语来生成图片。我们想要得到一张除了与提示词相关以外，其他内容都与原始图片大致相同的图片。例如，如果将小狗替换为小猫，得到的测试图如图 7-9 所示，代码如下：

```
# 使用新的文本提示语进行采样
start_step=10
new_prompt = input_image_prompt.replace('puppy', 'cat')
sample(new_prompt, start_latents=inverted_latents[-(start_step+1)]
       [None],start_step=start_step, num_inference_steps=50)[0]
```

图 7-9 把小狗替换成小猫后的测试图

那为什么不直接使用 Img2Img 管线呢？你可能会有这个疑问，并且你可能还会问，为什么要做反转，这不是多此一举吗？为什么不直接对输入图像添加噪声，然后用新的文本提示语直接"去噪"呢？虽然我们可以这么做，但这会导致图片的变化十分夸张（如果添加大量噪声），或者图片几乎没有什么变化（如果添加的噪声太少）。你可以亲自试一试，代码如下：

```
start_step = 10
num_inference_steps=50
pipe.scheduler.set_timesteps(num_inference_steps)
noisy_l = pipe.scheduler.add_noise(l, torch.randn_like(l), pipe.
    scheduler.timesteps[start_step])
```

```
sample(new_prompt, start_latents=noisy_l, start_step=start_step,
    num_inference_steps=num_inference_steps)[0]
```

上述代码的输出结果如图 7-10 所示。

图 7-10　使用 Img2Img 管线生成的测试图

注意，图 7-10 中的背景和草坪都发生了非常大的变化。

7.2　组合封装

接下来我们将所写的代码封装到一个简单的函数中，并输入一张图片和两个文本提示语，由此便可得到一张通过反转得到的图片，代码如下：

```
def edit(input_image, input_image_prompt, edit_prompt, num_steps=100,
    start_step=30,guidance_scale=3.5):
    with torch.no_grad():
        latent = pipe.vae.encode(tfms.functional.
    to_tensor(input_image).unsqueeze(0).to(device)*2-1)
        l = 0.18215 * latent.latent_dist.sample()
        inverted_latents = invert(l, input_image_prompt,num_inference_
```

```
        steps=num_steps)
    final_im = sample(edit_prompt, start_latents=inverted_latents[
        -(start_step+1)][None],start_step=start_step, num_inference_
        steps=num_steps,guidance_scale=guidance_scale)[0]
    return final_im
```

```
And in action:  # 实际操作
edit(input_image, 'A puppy on the grass', 'an old grey dog on
    the grass', num_steps=50,start_step=10)
```

上述代码的输出结果如图 7-11 所示。

图 7-11　通过反转得到的图片（一）

修改一下文本提示语和参数，得到的结果如图 7-12 所示，代码如下：

```
edit(input_image, 'A puppy on the grass', 'A blue dog on the lawn',
    num_steps=50,start_step=12, guidance_scale=6)
```

更多迭代能够得到更好的表现，如果你因为反转结果不准确而烦恼，不妨尝试多迭代几次（代价是运行时间更长）。为了测试反转过程，你可以使用 edit() 函数并输入相同的文本提示语，代码如下：

```
# 更多步的反转测试
edit(input_image, 'A puppy on the grass', 'A puppy on the grass',
    num_steps=350, start_step=1)
```

图 7-12 通过反转得到的修改后的图片（二）

得到的结果如图 7-13 所示。

图 7-13 迭代多次后生成的图片（一）

现在效果好多了。试着编辑一下图片，代码如下：

```
edit(input_image, 'A photograph of a puppy', 'A photograph of a
    grey cat', num_steps=150, start_step=30, guidance_scale=5.5)
```

得到的结果如图 7-14 所示。

图 7-14　迭代多次后生成的图片（二）

我们换一张图片进行测试，代码如下：

```
# 图片来源：https://www.pexels.com/photo/girl-taking-photo-1493111/
# （代码中使用对应的 JPEG 文件链接）
face = load_image('https://images.pexels.com/photos/1493111/pexels-
                photo-1493111.jpeg', size=(512, 512))
```

原始图片如图 7-15 所示。

然后对这张图片进行测试，代码如下：

```
edit(face, 'A photograph of a face', 'A photograph of a face with
    sunglasses', num_steps=250, start_step=30, guidance_scale=3.5)
```

图 7-15 原始图片

得到的结果如图 7-16 所示。

图 7-16 测试结果(一)

接下来继续进行测试，代码如下：

```
edit(face, 'A photograph of a face', 'Acrylic palette knife painting
    of a face, colorful', num_steps=250, start_step=65, guidance_
    scale=5.5)
```

得到的结果如图 7-17 所示。

图 7-17　测试结果（二）

强烈建议你研究一下 Null-text Inversion —— 一个基于 DDIM 来优化空文本（无条件文本提示语）的反转过程，它有着更准确的反转过程与更好的编辑效果。

7.3　ControlNet[1] 的结构与训练过程

经过前面的学习之后，相信你已经能够熟练地使用文本提示语来描述并生成一幅精美的画作了。通常来说，文本提示语的准确性越高，描述越丰富，生成的画作就越符合你预期的样子。然而你或许也注意到一件事，即无论再怎么精细地使用文本提示语来指导 Stable Diffusion 模型，也无法描述清楚人物四肢的角度、背景中物体的位置、每一缕光线照射的角度等，因为文字的表达能力是有限的。

---

[1] ControlNet技术来自文章"Adding Conditional Control to Text-to-Image Diffusion Models"，作者为Lvmin zhang和Maneesh Agrawala。原始代码来自Illyasviel/ControlNet的GitHub代码仓库。

为了成为一名优秀的 AI 画手，我们需要突破文本提示（text conditioning），找到一种能够通过图像特征来为扩散模型的生成过程提供更加精细控制的方式，也就是图像提示（image conditioning）。幸运的是，我们已经有了一个这样的工具，它就是 ControlNet。

ControlNet 是一种能够嵌入任意已经训练好的扩散模型，并为这些扩散模型提供更多控制条件的神经网络结构。ControlNet 的基本结构如图 7-18 所示。

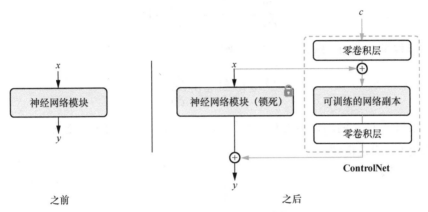

图 7-18 ControlNet 的基本结构

从图 7-18 中可以看出，ControlNet 的基本结构由一个对应的原先网络的神经网络模块和两个"零卷积"层组成。在之后的训练过程中，我们会"锁死"原先网络的权重，只更新 ControlNet 基本结构中的网络"副本"和零卷积层的权重。这些可训练的网络"副本"将学会如何让模型按照新的控制条件来生成结果，而被"锁死"的网络则会保留原先网络已经学会的所有知识。这样即使用来训练 ControlNet 的训练集规模较小，被"锁死"网络原本的权重也能确保扩散模型本身的生成效果不受影响。

ControlNet 基本结构中的零卷积层是一些权重和偏置都被初始化为 0 的 1×1 卷积层。训练刚开始的时候，无论新添加的控制条件是什么，这些零卷积层都只输出 0，因此 ControlNet 不会对扩散模型的生成结果造成任何影响。但随着训练过程的深入，ControlNet 将学会逐渐调整扩散模型原先的生成过程，使得生成的图像逐渐向新添加的控制条件靠近。

你也许会问，如果一个卷积层的所有参数都为 0，输出结果也为 0，那么它怎么才能正常进行权重的迭代呢？为了回答这个问题，我们给出如下简单的数学推导过程。

假设我们有一个简单的神经网络层：

$$y = wx + b$$

我们已经知道：

$$\frac{\partial y}{\partial w} = x, \ \frac{\partial y}{\partial x} = w, \ \frac{\partial y}{\partial b} = 1$$

假设权重 w 为 0，输入 x 不为 0，则有：

$$\frac{\partial y}{\partial w} \neq 0, \ \frac{\partial y}{\partial x} = 0, \ \frac{\partial y}{\partial b} \neq 0$$

这意味着只要输入 x 不为 0，梯度下降的迭代过程就能正常地更新权重 w，使 w 不再为 0，于是得到：

$$\frac{\partial y}{\partial x} \neq 0$$

也就是说，在经过若干次迭代之后，这些零卷积层将逐渐变成具有正常权重的普通卷积层。

在将上面描述的 ControlNet block 堆叠 14 次以后，我们就能得到一个完整的、能够用来对稳定扩散模型添加新的控制条件的 ControlNet，如图 7-19 所示。

仔细研究图 7-19，你会发现，ControlNet 实际上使用训练完成的稳定扩散模型的编码器模块作为自己的主干网络，而这样一个稳定又强大的主干网络，则保证了 ControlNet 能够学习到更多不同的控制图像生成的方法。

训练一个附加到某个稳定扩散模型上的 ControlNet 的过程大致如下。

（1）收集你想要对其附加控制条件的数据集和对应的 Prompt。假如你想训练一个通过人体关键点来对扩散模型生成的人体进行姿态控制的 ControlNet，则首先需要收集一批人物图片，并标注好这批人物图片的 Prompt 以及对应的人体关键点的位置。

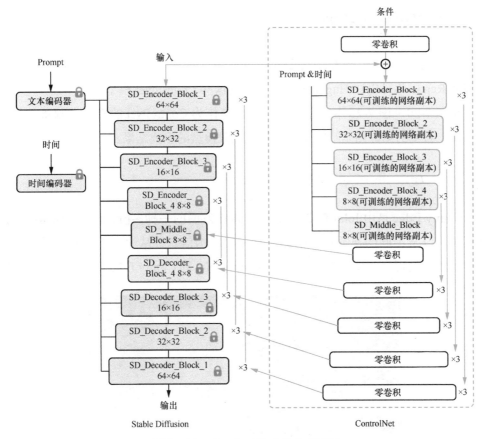

图 7-19 ControlNet 的生成过程

（2）将 Prompt 输入被"锁死"的稳定扩散模型，并将标注好的图像控制条件（如人体关键点的标注结果）输入 ControlNet，然后按照稳定扩散模型的训练过程迭代 ControlNet block 的权重。

（3）在训练过程中，随机地将 50% 的文本提示语替换为空白字符串，这样做旨在"强制"网络从图像控制条件中学习更多的语义信息。

（4）训练结束后，我们便可以使用 ControlNet 对应的图像控制条件（如输入的人体关键点）来控制扩散模型生成符合条件的图像。

注意在训练过程中，因为扩散模型原先的权重不会产生任何梯度（我们锁死了这一部分），所以即使添加了 14 个 ControlNet block，整个训练过程也不会需要比训练原先扩散模型更多的 GPU 显存。

7.4 ControlNet示例

本节将展示一些已经训练好的 ControlNet 示例，它们都来自 ControlNet 的 GitHub Repo，你可以在 Hugging Face 上找到这些 ControlNet 模型。

在图 7-20～图 7-25 中，左上角的图像是作为 ControlNet 的额外控制条件的输入图像，右侧的图像则是给定条件下稳定扩散模型的生成结果。

7.4.1 ControlNet 与 Canny Edge

Canny Edge 是由 John F. Canny 于 1986 年发明的一种多阶段的边缘检测算法。该算法可以从不同的视觉对象中提取有用的结构信息，从而显著降低图像处理过程中的数据处理量。图 7-20 展示了将 ControlNet 和 Canny Edge 结合使用的效果。

图 7-20　ControlNet 和 Canny Edge 结合使用效果图

7.4.2 ControlNet 与 M-LSD Lines

M-LSD Lines 是另一种轻量化的边缘检测算法，该算法擅长提取图像中的直线线条。训练在 M-LSD Lines 上的 ControlNet 很适合生成室内环境方面的图片。图 7-21 展示了将 ControlNet 和 M-LSD Lines 结合使用的效果。

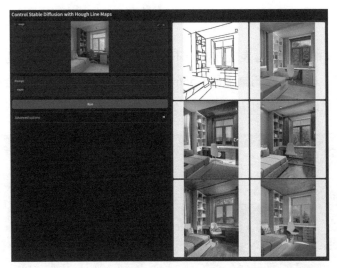

图 7-21　ControlNet 和 M-LSD Lines 结合使用效果图

7.4.3　ControlNet 与 HED Boundary

HED Boundary 能够保存输入图像的更多细节，训练在 HED Boundary 上的 ControlNet 很适合用来重新上色和进行风格重构。图 7-22 展示了将 ControlNet 和 HED Boundary 结合使用的效果。

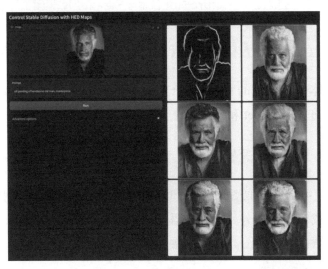

图 7-22　ControlNet 和 HED Boundary 结合使用效果图

7.4.4　ControlNet与涂鸦画

ControlNet 的强大能力表现在甚至不使用任何提取于真实图片的信息也能生成高质量的结果。训练在涂鸦画上的 ControlNet 能让稳定扩散模型学会如何将儿童涂鸦转绘成高质量的图片。图 7-23 展示了将 ControlNet 和涂鸦画结合使用的效果。

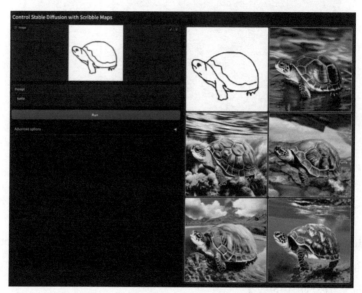

图 7-23　ControlNet 和涂鸦画结合使用效果图

7.4.5　ControlNet与人体关键点

训练在人体关键点上的 ControlNet 能让扩散模型学会生成指定姿态的人体。图 7-24 展示了将 ControlNet 和人体关键点结合使用的效果。

7.4.6　ControlNet与语义分割

语义分割模型旨在提取图像中各个区域的语义信息，常用来对图像中的人体、物体、背景区域等进行划分。训练在语义分割数据上的 ControlNet 能让稳定扩散模型生成特定结构的场景图。图 7-25 展示了将 ControlNet 和语义分割结合使用的效果。

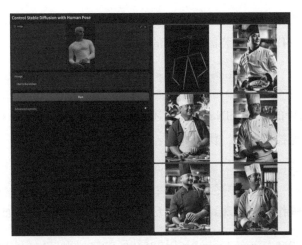

图 7-24 ControlNet 和人体关键点结合使用效果图

图 7-25 ControlNet 和语义分割结合使用效果图

此外,诸如深度图、Normal Map、人脸关键点等,同样可以结合 ControlNet 使用,这里不再一一列举,读者可以自行在 Hugging Face 上寻找开源模型和示例。

7.5 ControlNet 实战[1]

本节以 Canny Edge 为例,展示如何在 Diffusers 中使用 StableDiffusionControl-

---

1 本节内容及代码参考了 Sayak Paul、YiYi Xu 和 Patrick von Platen 的 "Ultra fast ControlNet with Diffusers" 一文。

NetPipeline 生成图像。

首先运行以下代码，安装需要使用的库：

```
!pip install -q diffusers transformers xformers git+https://
    github.com/huggingface/accelerate.git
```

为了对应选择的 ControlNet，我们还需要安装两个依赖库来对图像进行处理，以提取不同的图像控制条件，代码如下：

```
!pip install -q opencv-contrib-python
!pip install -q controlnet_aux
```

下面以知名画作《戴珍珠耳环的少女》为例进行示范，代码如下：

```
from diffusers import StableDiffusionControlNetPipeline
from diffusers.utils import load_image

image = load_image(
    "https://hf.co/datasets/huggingface/documentation-images/
    resolve/main/diffusers/input_image_vermeer.png"
)
image
```

原始图片如图 7-26 所示。

图 7-26　原始图片

首先将这张图片发送给 Canny Edge 边缘提取器，预先处理一下，代码如下：

```python
import cv2
from PIL import Image
import numpy as np

image = np.array(image)

low_threshold = 100
high_threshold = 200

image = cv2.Canny(image, low_threshold, high_threshold)
image = image[:, :, None]
image = np.concatenate([image, image, image], axis=2)
canny_image = Image.fromarray(image)
canny_image
```

边缘提取效果如图 7-27 所示。

图 7-27　边缘提取效果

你可以看到，作为边缘提取器，Canny Edge 能够识别出图像中物体的边缘线条。接下来，我们需要载入 runwaylml/stable-diffusion-v1-5 模型以及能够处理 Canny Edge 的 ControlNet 模型。为了节约计算资源以及加快推理速度，我们决定使用半精度（torch.dtype）的方式来读取模型，代码如下：

```python
from diffusers import StableDiffusionControlNetPipeline,ControlNetModel
import torch

controlnet = ControlNetModel.from_pretrained("lllyasviel/sd-
    controlnet-canny", torch_dtype=torch.float16)
pipe = StableDiffusionControlNetPipeline.from_pretrained(
    "runwayml/stable-diffusion-v1-5", controlnet=controlnet,
    torch_dtype=torch.float16
)
```

在这里，我们将尝试使用当前速度最快的扩散模型调度器——UniPCMultistepScheduler。该调度器能显著提高模型的推理速度，你只需要迭代20次，就能达到与之前的默认调度器迭代50次的效果。

```python
from diffusers import UniPCMultistepScheduler
pipe.scheduler = UniPCMultistepScheduler.from_config(pipe.scheduler.
    config)
```

我们现在已经做好运行这个 ControlNet 管线的准备了。就像前面我们在稳定扩散模型中所做的那样，在 ControlNet 的运行流程中，我们仍然需要提供一些文本提示语来指导图像的生成过程。但是，ControlNet 允许我们对图像的生成过程应用一些额外的控制条件，例如使用 Canny Edge 来控制所生成图像中物体的确切位置和边缘轮廓。下面的代码旨在生成一些人物的肖像，这些人物均摆出与这幅画作中的少女相同的姿势。在 ControlNet 和 Canny Edge 的帮助下，我们只需要在文字描述中提到这些人的姓名就可以了，代码如下：

```python
def image_grid(imgs, rows, cols):
    assert len(imgs) == rows * cols

    w, h = imgs[0].size
    grid = Image.new("RGB", size=(cols * w, rows * h))
    grid_w, grid_h = grid.size

    for i, img in enumerate(imgs):
        grid.paste(img, box=(i % cols * w, i // cols * h))
    return grid

prompt = ", best quality, extremely detailed"
```

```python
prompt = [t + prompt for t in ["Sandra Oh", "Kim Kardashian",
    "rihanna", "taylor swift"]]
generator = [torch.Generator(device="cpu").manual_seed(2) for i
    in range(len(prompt))]

output = pipe(
    prompt,
    canny_image,
    negative_prompt=["monochrome, lowres, bad anatomy, worst
        quality, low quality"] * len (prompt),
    generator=generator,
    num_inference_steps=20,
)

image_grid(output.images, 2, 2)
```

生成人物的肖像如图 7-28 所示。

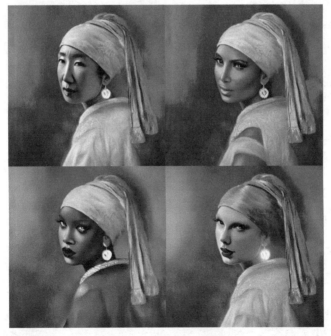

图 7-28 生成人物的肖像

接下来我们尝试一下 ControlNet 的另一种有趣的应用方式：从一张图片中提取身体姿态，然后用它生成具有完全相同的身体姿态的另一张图片。在接下来的示例中,我们将教会超级英雄使用 Open Pose ControlNet 做瑜伽!

首先找一些人们做瑜伽的图片,代码如下:

```
urls = "yoga1.jpeg", "yoga2.jpeg", "yoga3.jpeg", "yoga4.jpeg"
imgs = [
    load_image("https://hf.co/datasets/YiYiXu/controlnet-testing/
        resolve/main/" + url)
    for url in urls
]

image_grid(imgs, 2, 2)
```

原始图片如图 7-29 所示。

图 7-29 原始图片

然后使用 controlnet_aux 中的 Open Pose 预处理器提取瑜伽的身体姿势,代码如下：

```python
from controlnet_aux import OpenposeDetector

model = OpenposeDetector.from_pretrained("lllyasviel/ControlNet")

poses = [model(img) for img in imgs]
image_grid(poses, 2, 2)
```

提取结果如图 7-30 所示。

图 7-30　提取结果

最后就是见证奇迹的时刻。我们使用 Open Pose ControlNet 生成一些正在做瑜伽的超级英雄的图片，代码如下：

```python
controlnet = ControlNetModel.from_pretrained(
    "fusing/stable-diffusion-v1-5-controlnet-openpose",
    torch_dtype=torch.float16
)

model_id = "runwayml/stable-diffusion-v1-5"
pipe = StableDiffusionControlNetPipeline.from_pretrained(
    model_id,
    controlnet=controlnet,
    torch_dtype=torch.float16,
)
pipe.scheduler = UniPCMultistepScheduler.from_config(pipe.scheduler.
    config)
pipe.enable_model_cpu_offload()
pipe.enable_xformers_memory_efficient_attention()

generator = [torch.Generator(device="cpu").manual_seed(2) for i
    in range(4)]
prompt = "super-hero character, best quality, extremely detailed"
output = pipe(
    [prompt] * 4,
    poses,
    negative_prompt=["monochrome, lowres, bad anatomy, worst
        quality, low quality"] * 4,
    generator=generator,
    num_inference_steps=20,
)
image_grid(output.images, 2, 2)
```

效果如图 7-31 所示。

在上面的示例中，我们探索了 StableDiffusionControlNetPipeline 的两种使用方式，展示了将 ControlNet 和扩散模型相结合的强大能力。这里的两个示例只是 ControlNet 所能够提供的图像额外控制条件中的一部分，如果感兴趣，你可以在以下模型的文档页面上找到更多有趣的 ControlNet 使用方式。

- lllyasviel/sd-controlnet-depth

- lllyasviel/sd-controlnet-hed

- lllyasviel/sd-controlnet-normal

- lllyasviel/sd-controlnet-scribbl

图 7-31 正在做瑜伽的超级英雄

- lllyasviel/sd-controlnet-seg
- lllyasviel/sd-controlnet-openpose
- lllyasviel/sd-controlnet-mlsd
- lllyasviel/sd-controlnet-mlsd

7.6 本章小结

在本章中，我们学习了 DDIM 反转的过程、如何从中进行采样，以及如何使用隐层特征和文本提示语来编辑图片，同时我们还学习了图片生成效果惊艳的 ControlNet，希望接下来你能够进行一些更大胆的进阶实验。

第 8 章　音频扩散模型

在本章中，我们将学习如何使用扩散模型生成音频。
本章涵盖的知识点如下。
- 源音频数据与频谱之间的转换方法。
- 如何准备一个特定的整理函数（collate function），将音频数据转换为频谱的生成器。
- 微调一个指定了分类曲风的音频扩散模型。
- 将自己的管线上传到 Hugging Face Hub。

注意，本章生成的音频完全出于教学目的，不能保证一定很好听。

8.1　实战：音频扩散模型

8.1.1　设置与导入

首先安装需要用到的库并配置环境，代码如下：

```
# !pip install -q datasets diffusers torchaudio accelerate
import torch, random
import numpy as np
import torch.nn.functional as F
from tqdm.auto import tqdm
from IPython.display import Audio
from matplotlib import pyplot as plt
from diffusers import DiffusionPipeline
from torchaudio import transforms as AT
from torchvision import transforms as IT
```

8.1.2 从预训练的音频扩散模型管线中进行采样

参考 Audio Diffusion（Audio Diffusion 用于生成音频的梅尔谱图）文档，加载一个预训练的音频扩散模型管线，代码如下：

```
# 加载一个预训练的音频扩散模型管线
device = "cuda" if torch.cuda.is_available() else "cpu"
pipe = DiffusionPipeline.from_pretrained("teticio/audio-diffusion-
    instrumental-hiphop- 256").to(device)
Fetching 5 files:     0%|            | 0/5 [00:00<? , ?it/s]
```

就如我们在前面章节中使用管线一样，使用以下代码调用管线：

```
# 在管线中采样一次并将采样结果显示出来
output = pipe()
display(output.images[0])
display(Audio(output.audios[0], rate=pipe.mel.get_sample_rate()))
```

采样结果如图 8-1 所示。

图 8-1 采样结果

在上述代码中，rate 参数定义了音频的采样率。此外你可能还会注意到管线返回了其他一些内容。

首先是数据数组，代表生成的音频：

```
# 音频序列
output.audios[0].shape
```

代码输出内容如下：

```
(1, 130560)
```

其次是灰度图：

```
# 输出的图像（频谱）
output.images[0].size
```

代码输出内容如下：

```
(256, 256)
```

前面的代码给了我们一个提示，从而让我们更加了解这个管线是如何工作的。音频并非由扩散模型直接生成，而是类似于无条件图像生成管线那样，使用一个 2D UNet 网络结构来生成音频的频谱，之后在后处理中被转换为最终的音频。

这个管线通过额外的组件来处理这个变化。我们可以通过执行 pipe.mel 来处理。处理结果如下：

```
Mel {
  "_class_name": "Mel",
  "_diffusers_version": "0.12.0.dev0",
  "hop_length": 512,
  "n_fft": 2048,
  "n_iter": 32,
  "sample_rate": 22050,
  "top_db": 80,
  "x_res": 256,
  "y_res": 256
}
```

8.1.3 从音频到频谱的转换

音频的"波形"在时间上展现了源音频。例如，音频的"波形"可能是从麦克风接收到的电信号。这种"时域"上的表示方式处理起来有些棘手,更常见的做法是将其转换为其他形式,我们通常将其转换为频谱。频谱能够直接展示不同频率(y 轴)和时间(x 轴)上的强度。

```
# 使用torchaudio模块计算并绘制所生成音频样本的频谱,如图8-2所示
spec_transform = AT.Spectrogram(power=2)
spectrogram = spec_transform(torch.tensor(output.audios[0]))
print(spectrogram.min(), spectrogram.max())
log_spectrogram = spectrogram.log()
lt.imshow(log_spectrogram[0], cmap='gray');
tensor(0.) tensor(6.0842)
```

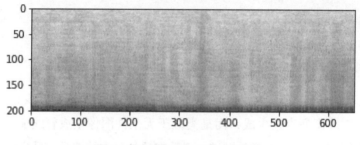

图 8-2 所生成音频样本的频谱

以我们刚刚生成的音频样本为例,频谱的取值范围是 0.0000000000001~1,其中的大部分值接近取值下限。这对于可视化和建模来说并不理想,实际上我们需要对这些值取对数,以获得拥有更多细节的灰度图。为此,我们特别使用了梅尔频谱(Mel spectrogram),这是一种能够对不同频率成分进行一些变换,符合人耳感知特性且有助于提取重要信息的方式。图 8-3 展示了一些来自 torchaudio 文档的音频转换方法。

幸运的是,我们不需要太过于担心这些音频变换方法,管线中的 mel 功能会为我们处理相关细节。通过如下代码,我们就能把频谱转换成音频:

```
a = pipe.mel.image_to_audio(output.images[0])
a.shape
```

代码输出内容如下:

```
(130560,)
```

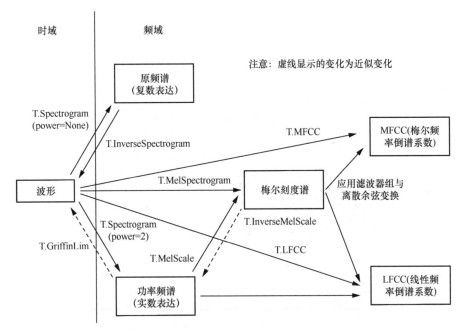

图8-3 一些来自torchaudio文档的音频转换方法

我们可以首先读取源音频数据，然后调用audio_slice_to_image()函数，将源音频数据转换为频谱图像。同时较长的音频片段也会自动切片，以便能够正常输出256×256像素的频谱图像，代码如下：

```
pipe.mel.load_audio(raw_audio=a)
im = pipe.mel.audio_slice_to_image(0)
im
```

正常的频谱图像如图8-4所示。

音频被表示成一长串数字数组。若想播放音频，我们需要一个关键信息，那就是采样率。那么为了播放单位时间的音频，我们需要多少个采样点呢？

在管线中，我们可以通过如下代码来查看使用的采样率：

```
sample_rate_pipeline = pipe.mel.get_sample_rate()
sample_rate_pipeline
```

代码输出内容如下：

```
22050
```

图 8-4　正常的频谱图像

如果我们故意将采样率设置错误,则有可能得到一个被加速或减速播放的音频,代码如下:

```
display(Audio(output.audios[0], rate=44100)) # 播放速度被加倍
```

8.1.4　微调管线

我们现在已经大致理解了这个管线是如何工作的,接下来不妨尝试在一些新的音频数据上对它进行微调。

我们将要使用的数据集是由不同类别的音频片段集合组成的,可通过如下代码从 Hugging Face Hub 上加载该数据集:

```
from datasets import load_dataset
dataset = load_dataset('lewtun/music_genres', split='train')
dataset
```

可通过如下代码查看该数据集中不同类别样本所占的比例:

```
for g in list(set(dataset['genre'])):
    print(g, sum(x==g for x in dataset['genre']))
```

代码输出内容如下：

```
Pop 945
Blues 58
Punk 2582
Old-Time / Historic 408
Experimental 1800
Folk 1214
Electronic 3071
Spoken 94
Classical 495
Country 142
Instrumental 1044
Chiptune / Glitch 1181
International 814
Ambient Electronic 796
Jazz 306
Soul-RnB 94
Hip-Hop 1757
Easy Listening 13
Rock 3095
```

该数据集已将音频存储为数组，代码如下：

```
audio_array = dataset[0]['audio']['array']
sample_rate_dataset = dataset[0]['audio']['sampling_rate']
print('Audio array shape:', audio_array.shape)
print('Sample rate:', sample_rate_dataset)
```

代码输出内容如下：

```
Audio array shape: (1323119,)
Sample rate: 44100
```

注意，该音频的采样率更高。要使用该管线，就需要对其"重采样"以进行匹配。此外，该音频比管线预设的长度要长，但是当我们使用 pipe.mel 加载该音频时，pipe.mel 会自动将其切片为较短的片段，代码如下：

```
a = dataset[0]['audio']['array']        # 得到音频序列
pipe.mel.load_audio(raw_audio=a)         # 使用 pipe.mel 加载音频
pipe.mel.audio_slice_to_image(0)         # 输出第一幅频谱图像，如图 8-5 所示
```

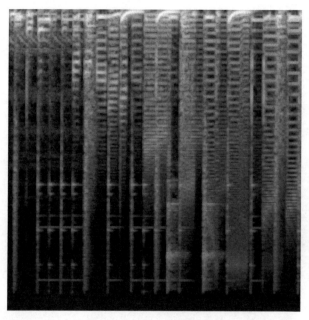

图 8-5　第一幅频谱图像

在实践过程中，我们需要调整采样率，因为该数据集中的数据在每一秒都拥有两倍的数据点，代码如下：

```
sample_rate_dataset = dataset[0]['audio']['sampling_rate']
sample_rate_dataset
```

代码输出内容如下：

```
44100
```

这里我们使用 torchaudio transforms（导入为 AT）进行音频的重采样，并使用管线的 mel 功能将音频转换为频谱图像，然后使用 torchvision transforms（导入为 IT）将频谱图像转换为频谱张量。以下代码中的 to_image() 函数可以将音频片段转换为频谱张量，供训练使用：

```
resampler = AT.Resample(sample_rate_dataset, sample_rate_pipeline,
    dtype=torch.float32)
to_t = IT.ToTensor()

def to_image(audio_array):
    audio_tensor = torch.tensor(audio_array).to(torch.float32)
```

```
        audio_tensor = resampler(audio_tensor)
        pipe.mel.load_audio(raw_audio=np.array(audio_tensor))
        num_slices = pipe.mel.get_number_of_slices()
        slice_idx = random.randint(0, num_slices-1)  # 每次随机取一张（除了
                                                     # 最后那张）
        im = pipe.mel.audio_slice_to_image(slice_idx)
        return im
```

有了 to_image() 函数，我们便可以组建一个特定的整理函数（collate function），从而将数据集转换到数据加载器中，以便训练模型。这个整理函数定义了如何将数据集中的示例批次转换为最终用于训练的数据。在下面的示例中，我们首先将每个音频转换为频谱图像，然后将它们的张量堆叠起来，代码如下：

```
def collate_fn(examples):

    # 图像→张量→缩放至 (-1,1) 区间→堆叠
    audio_ims = [to_t(to_image(x['audio']['array']))*2-1 for x in
                examples]
    return torch.stack(audio_ims)

# 创建一个只包含 Chiptune/Glitch（芯片音乐 / 电子脉冲）风格的音乐
batch_size=4                          # 在 CoLab 中设置为 4，在 A100 上设置为 12
chosen_genre = 'Electronic'           # <<< 尝试在不同的风格上进行训练 <<<
indexes = [i for i, g in enumerate(dataset['genre']) if g ==
          chosen_genre]
filtered_dataset = dataset.select(indexes)
dl = torch.utils.data.DataLoader(filtered_dataset.shuffle(),
   batch_size=batch_size,
   collate_fn=collate_fn, shuffle=True)
batch = next(iter(dl))
print(batch.shape)
```

上述代码的输出结果如下：

```
torch.Size([4, 1, 256, 256])
```

注意，你可能需要使用一个较小的 batch size（比如 4），除非有足够的 GPU 显存可用。

8.1.5 训练循环

下面的训练循环通过使用几个周期微调管线的 UNet 网络，来从数据加载器中

读取数据,代码如下。你可以跳过这部分代码,直接使用下一部分代码加载管线。

```python
epochs = 3
lr = 1e-4

pipe.unet.train()
pipe.scheduler.set_timesteps(1000)
optimizer = torch.optim.AdamW(pipe.unet.parameters(), lr=lr)

for epoch in range(epochs):
    for step, batch in tqdm(enumerate(dl), total=len(dl)):
        # 准备输入图片

        clean_images = batch.to(device)
        bs = clean_images.shape[0]

        # 为每一张图片设置一个随机的时间步
        timesteps = torch.randint(
            0, pipe.scheduler.num_train_timesteps, (bs,),
            device=clean_images.device
        ).long()

        # 按照噪声调度器,在每个时间步为干净的图片加上噪声
        noise = torch.randn(clean_images.shape).to(clean_images.
            device)
        noisy_images = pipe.scheduler.add_noise(clean_images,
            noise, timesteps)

        # 得到模型的预测结果
        noise_pred = pipe.unet(noisy_images, timesteps, return_
            dict=False)[0]
        # 计算损失函数
        loss = F.mse_loss(noise_pred, noise)
        loss.backward(loss)

        # 使用优化器更新模型参数
        optimizer.step()
        optimizer.zero_grad()
```

```python
# 装载之前训练好的频谱样本,如图 8-6 所示
pipe = DiffusionPipeline.from_pretrained("johnowhitaker/Electronic_
    test").to(device)
output = pipe()
```

```
display(output.images[0])
display(Audio(output.audios[0], rate=22050))
# 输入一个不同形状的起点噪声张量，得到一个更长的频谱样本，如图 8-7 所示
noise = torch.randn(1, 1, pipe.unet.sample_size[0],pipe.unet.
sample_size[1]*4).to(device)
output = pipe(noise=noise)
display(output.images[0])
display(Audio(output.audios[0], rate=22050))
```

图 8-6　频谱图片

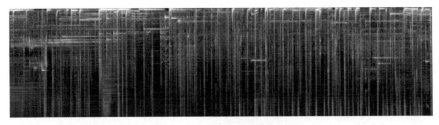

图 8-7　更长的频谱样本

这个输出可能不是最佳结果，它仅仅是一个开始。请尝试调整学习率和迭代周期，并在 Discord 上分享你的最佳结果。

在完成音频输出后，请思考以下几点。

- 我们使用的是256×256像素的方形频谱图像，这会限制batch size，你能否从128×128像素的频谱图像中恢复出质量足够好的音频呢？
- 为了替代随机图像增强，我们每次都挑选了不同的音频片段，但这种做法在训练循环的后期是否可以用其他增强方式进行优化呢？
- 是否有其他办法可以用来生成更长的音频？或许你可以先生成开头的5s音频，之后再采用类似图像修复的思路继续生成后续的音频。
- 扩散模型生成的内容与Img2Img生成的内容有什么相同之处？

8.2　将模型上传到Hugging Face Hub

如果你对自己的模型足够满意，则可以将其保存并上传到Hugging Face Hub以共享给他人，代码如下：

```
from huggingface_hub import get_full_repo_name, HfApi, create_repo, ModelCard
# 给模型取个名字
model_name = "audio-diffusion-electronic"
hub_model_id = get_full_repo_name(model_name)
# 在本地文件夹中保存管线
pipe.save_pretrained(model_name)
```

```
# 插入本地文件夹中的内容
!ls {model_name}
```

```
mel   model_index.json   scheduler   unet
```

```
# 构建仓库
create_repo(hub_model_id)
# 上传文件
api = HfApi()
api.upload_folder(
    folder_path=f"{model_name}/scheduler", path_in_
        repo="scheduler", repo_id=hub_model_id
)
api.upload_folder(
    folder_path=f"{model_name}/mel", path_in_repo="mel", repo_
```

```
        id=hub_model_id
)
api.upload_folder(folder_path=f"{model_name}/unet", path_in_
    repo="unet", repo_id=hub_model_id)
api.upload_file(
    path_or_fileobj=f"{model_name}/model_index.json",
    path_in_repo="model_index.json",
    repo_id=hub_model_id,
)
# 模型卡片
content = f"""
---
license: mit
tags:
- pytorch
- diffusers
- unconditional-audio-generation
- diffusion-models-class
---

# [扩散模型课程 🧨] 第 8 章 模型卡片
这个模型是一个旨在生成 {chosen_genre} 风格音乐的非条件性扩散模型
# 用法

'''python
from IPython.display import Audio
from diffusers import DiffusionPipeline

pipe = DiffusionPipeline.from_pretrained("{hub_model_id}")
output = pipe()
display(output.images[0])
display(Audio(output.audios[0], rate=pipe.mel.get_sample_rate()))"""
card = ModelCard(content)
card.push_to_hub(hub_model_id)
```

8.3 本章小结

本章介绍了音频的时域、频域转换方法以及使用管线生成频谱的过程，希望本章能让你领略到音频生成的潜力，同时期待你能探索出更多酷炫的方法并用它们创造出惊艳的内容。

附录 A　精美图像集展示

图 A-1

图 A-2

图 A-3

图A-4

图A-5

图A-6

图 A-7

附录A 精美图像集展示 ·193·

图A-8

图 A-9

图 A-10

图 A-11

图 A-12

图 A-13

图 A-14

图A-15

图 A-16

图 A-17

附录 B Hugging Face 相关资源

B.1 学习资源

Hugging Face 正在通过建立开源社区来推动和实现其使命。社区的建设离不开优质的、结构连贯的学习内容。目前，Hugging Face 提供了很多免费且丰富的学习资源，包括深度研究内容、NLP 课程、扩散模型课程、深度强化学习课程等。Hugging Face 还会经常邀请业界学者对行业的最新发展进行探讨、举办论文学习活动等。这些学习资源可以帮助社区中不同层次的成员获得丰富的学习资料。

1. NLP 课程

Hugging Face 提供的 NLP 课程一共有 9 章，你可以通过 NLP 课程学习并使用 Hugging Face 生态中的 Transformers、Datasets、Tokenizers、Accelerate 等库或工具进行自然语言处理。该 NLP 课程的内容由浅入深，由 Hugging Face 团队成员撰写。学完 NLP 课程后，你就可以了解 Hugging Face 及其各种开源库的用法，调用 Hugging Face Hub 上的模型并进行微调，从而基本解决常见的 NLP 问题，分享自己的模型并针对生产环境进行优化。图 B-1 是 Hugging Face 工程师为 NLP 课程制作的标志。

图 B-1 Hugging Face 工程师为 NLP 课程制作的标志

NLP 课程适合初级开发者。来自全球的社区志愿者将该课程翻译成了各种语言。NLP 课程的中文版是由胡耀淇（@yaoqih）带领一个志愿者团队完成的，团队成员还有郑荟林（@lin817）、陈琳辉（@petrichor1122）、黄茂雯（@HMaoWen）等。由于当时中国社区还没有成立，胡耀淇直接和全球负责社区的成员在 GitHub 网站上协作并完成了 NLP 课程的初版翻译。中国社区成立后，我们第一时间联系胡耀淇，邀请其参加我们的"抱抱脸中文本地化志愿者小组"并继续做出贡献。

目前 NLP 课程的中文版已经上线，网址为 https://hf.co/course。NLP 课程的开源项目网址为 https://github.com/huggingface/course，欢迎广大读者共同完善中文版 NLP 课程的内容。

2. 扩散模型课程

扩散模型是"生成模型"家族里的新成员。通过学习给定的训练样本，生成模型可以学会如何生成数据，比如生成图片或声音等。一个好的生成模型能生成一组样式不同的输出，这组输出与训练数据相似，但并非一模一样。

图 B-2 以两只小猫为例展示了扩散模型逐渐添加噪声的过程。扩散模型"成功的秘诀"在于其迭代本质，最早生成的只是一组随机噪声，但在经过若干步的改善之后，最终输出有意义的图像。扩散模型在每一步都会估计如何从当前输入生成完全"去噪"的结果。

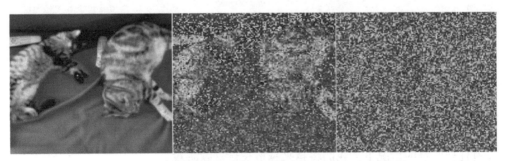

图 B-2　扩散模型逐渐添加噪声的过程（以两只小猫为例）

扩散模型课程于 2022 年 11 月 28 日正式开启，内容共计 4 个单元，于 2023 年年初完成更新，面向所有人免费开放。扩散模型课程由"抱抱脸中文本地化志愿者小组"成员、本书作者李忻玮（@darcula1993）发起，徐浩然（@XhrLeokk）、余海铭（@hoi2022）、苏步升（@Xertipeark）参与并共同完成。

3. 深度强化学习课程

深度强化学习是一种旨在让计算机学会做出最佳决策的方法，它结合了两种技术——深度学习和强化学习。深度学习旨在让计算机通过大量数据学习复杂模式的能力，而强化学习旨在让计算机通过尝试和犯错来优化决策。深度强化学习在许多领域取得了成功，如游戏和机器人领域。图 B-3 是由社区志愿者"茶叶蛋蛋"（@wanglin）制作的深度强化学习课程标志图。

图 B-3　深度强化学习课程标志图

强化学习的过程可理解为第一次玩《超级玛丽》游戏：当"踩死"一个小兵的时候，我们得到金币（+1 奖励），于是我们明白了要在这个游戏里拿到金币；过了一会儿，当我们碰到一只乌龟的时候，我们的游戏人物就"死掉"了（-1 奖励）。通过反复实验并与游戏互动，我们明白了要在游戏中获得金币并避开"敌人"。在没有任何监督的情况下，我们将越来越擅长玩这款游戏。

深度强化学习课程由 8 个单元组成，课程全部内容已经于 2023 年 3 月完成更新，每个单元都有理论、实践和挑战部分，学员可以通过该课程研究深度强化学习，并在 Snowball Fight、Huggy the Doggo、MineRL、ViZDoom 以及一些经典环境（如 Space Invaders 和 PyBullet）中训练 Agent（即智能体）。

深度强化学习课程正在由"抱抱脸中文本地化志愿者小组"成员李洋（@innovation64）和李琛（@EEvinci）翻译，欢迎感兴趣的读者参与。

深度强化学习课程的网址为 https://hf.co/deep-rl-course/。

如无特别说明，我们提到的志愿者 ID 均为 Hugging Face 用户名。

B.2 保持联络

Hugging Face 官网：你可以通过 Hugging Face 官网，了解所有托管在平台上的模型、数据集和 Space 应用。

GitHub 组织页面：该页面托管了 Hugging Face 的所有开源库以及课程、博客、活动内容等，你可以在这里参与开源库的协作、内容的中文本地化等。

Hugging Face 博客：该博客旨在发布所有最新的关于 Hugging Face 的消息，包括对论文的分析与解读、社区动态、教程、开源协作内容、最新合作以及游戏开发等。我们还专门制作了一个中文博客，网址为 https://hf.co/blog/zh，未来所有志愿者帮助翻译的博客内容都将发布在这里。如果你想申请加入我们的本地化志愿者小组，可以进入网址 https://bit.ly/joinbaobaolian 进行申请。

Hugging Face 国内社交渠道：Hugging Face 的微信公众号已于 2022 年 11 月正式开通，欢迎你用手机扫描图 B-4 中的二维码，关注 Hugging Face。Hugging Face 的知乎频道也于 2023 年年初开通，链接为 https://www.zhihu.com/org/huggingface。

图 B-4　Hugging Face 微信公众号的二维码